吉田 武

はやぶさ

死身の探査機と宇宙研の物語

GS 幻冬舎新書 016

はじめに

2006年6月2日、米国の科学雑誌『サイエンス(Science)』に、小惑星イトカワに関する七本の論文が掲載された。それは、我らが探査機「はやぶさ」により撮影されたイトカワの画像と、理学研究の成果が全世界に公開された瞬間であった。

この雑誌は、ほぼ同様の趣旨で発行されている英国の『ネイチャー(nature)』と並んで、世界の科学雑誌の最高峰と見《み》做《な》されている。科学者は、研究をし、その成果を論文にまとめ、学術専門誌に投稿する。論文は、厳正な審査を受けて後、掲載される。科学の世界では、公刊されることをもって、一つの研究が完成すると考えられている。専門誌は非常に多く、各分野別、その細部に沿って発行されている為、少し専門が違えば、お互いにそうした雑誌の存在すら知らないことも多く、今やそれが普通の状態であると言っても決して過言ではない。

しかし、上に紹介した二誌は違う。

あらゆる科学の分野から投稿を受附け、研究者の所属、経歴等を考慮せず、先端的業績であるか否かのみが検討される。それが故に投稿される論文数は厖大《ぼうだい》なものとなる。その審査は徹底的であり、科学史の中での位置附けまでも配慮して掲載が決定される為、その敷居は極めて高い。

また、科学の総合誌であると共に、それが週刊誌でもあることから、科学全体の〝今〟を速報する広報誌の意味も持っている為、社会全体に対しても大きな影響力を有している。従って、論文がこの二誌に掲載されるということは、科学者にとって非常な名誉であるだけに留まらず、その論文によって「将来の高い地位」が約束されるということも稀ではないのである。

その『サイエンス』を七本の論文の同時掲載、「はやぶさ特集号」という形で、宇宙航空研究開発機構・宇宙科学研究本部の「はやぶさチーム」が独占してしまったのである。

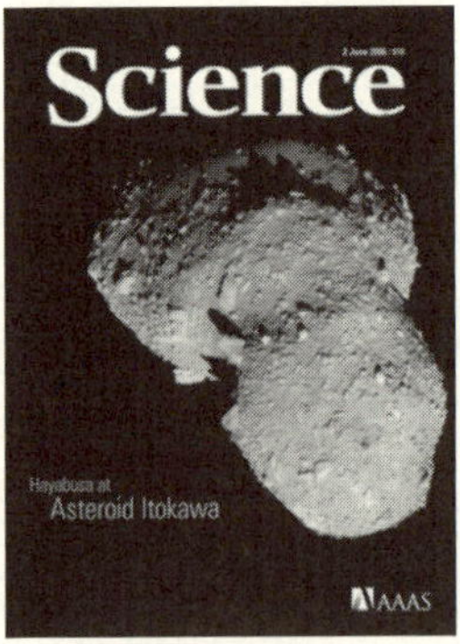

『サイエンス』表紙
2006年6月2日号

火星軌道と木星軌道の間に大量に存在する小惑星は、太陽系誕生の秘密を握る〝玉手箱〟であると同時に、地球に襲い掛かって全ての文明を葬り去る〝悪魔の使い〟となる可能性をも秘めている。

小惑星探査は、知的な意味からだけではなく、人類全体の安全保障の意味からも、極めて重要な分野であると位置附けられているのである。

従って、米国も欧州も様々な小惑星探査計画を机上に載せ、また実際に行ってもきた。しかし、今回の「はやぶさ」のように、小惑星に着陸し、その試料を持ち帰るという大胆不敵な探査は、未だ試みられてもいないのである。

しかし、この人類の将来に大きな意味を持つ分野で、まさに世界の研究者達が腰を抜かすほどの成果を挙げた「はやぶさの大冒険」が、我が国の一般の方に余り知られていないことは、誠に残念という他にない。また、少ない予算で、数々の独創的な計画を成功させてきた我が国の宇宙開発の歴史も、馴染みがない点では同様である。

「はやぶさ」の偉業はどのように譬《たと》えれば、よく理解して頂けるであろうか。五輪でのメダル独占であろうか。それともサッカーW杯の優勝だろうか。あるいは、一本の映画でアカデミー賞の全部門を制覇したことに相当するだろうか。この分野にノーベル賞が無いのが誠に残念である。

これ以上、妙な比較を論じるよりは、皆さんのお好きな分野の、最高の場面を想像して頂き、そこから類推して貰《もら》うしか他に手は無いのかもしれない。しかし、その栄光は独り「はやぶさチーム」にのみ存するのではなく、我が国全体が、国民一人一人が誇りに感じ、胸を張ってその意義を主張して頂きたいものなのである。このことも是非《ぜひ》知って頂きたい——科学研究も大型のプロジェクトとなれば、単に資金面の問題だけではなく、国民の心よりの応援無しには、到底成り立たないものになっているからである。

「はやぶさ」は、既に米国宇宙協会から「Space Pioneer Award」を贈られており、諸外国から絶大に評価されている。また、その運営に対しても、危機管理の比類無き実例として是非参考にしたい、との申し込みもきている。

このように「はやぶさ」が真の大成果を挙げ、イトカワの詳細情報が、人類史の上でも画期的なものとなったことは、『サイエンス』の編集長ドナルド・ケネディ博士が、今回の特集号に寄せた文章から御理解頂けるかもしれない。

彼はその祝福の言葉の最後にこう記しているのである：

> 今回、このように重要な研究成果を報告する場としてScienceをお選びいただき、世に発表いただくことに対し、重ねて御礼申し上げます。日本の宇宙科学研究のレベルの高さ、ならびに研究全般の質の高さを証明する今回の研究を弊誌に掲載できることは光栄の限りです。
>
> Donald Kennedy, Ph.D. Science編集長

研究者なら誰しも、掲載誌の編集長から、「一度でいいから、こんな台詞《せりふ》を言われてみたい」という夢を持つものである。たとえ第一級の研究者であっても、大抵は、ここを直せ、あそこが悪い、表現がなっていない等と散々に修正要求を出され、それにひたすら従って、ようやく受理されるものなのである。「投稿してくれて、ありがとう」はまさに夢の台詞である。

本書は、日本の宇宙開発史と共に、この人類初の偉業を出来る限り要領よくまとめ、一般の読者の方々に御紹介するべく執筆されたものである。内容は〝はやぶさマニア〟や〝ファン〟の皆さんには既知のものが多く、物足りなさを感じられるかもしれない――そう、はやぶさには〝マニアもファンも居る〟、誠に幸せな探査機なのである。そうした、深く宇宙探査の意味と意義を御理解頂いている方々にも、今一度「はやぶさ」の通った苦難の道を再確認して頂き、感動を蘇らせて頂く、一つのお手伝いになるのではないかとは思う。

本書は、「舞台裏の天井の隅の穴」から覗《のぞ》いた「小惑星探査機はやぶさ」の物語である。こうした大きなプロジェ

クトにあっては、一人の人間がその全てを完全に把握し、叙述するということは有り得ない。プロジェクトに関わった全ての人間に、それぞれの視座があり、それぞれの感慨がある。いずれ最前列の特等席で観覧された方も、舞台の登場人物も、その主役も、監督も、広報官も、自らの言葉で、この大冒険を語る日が来るであろう。「はやぶさ」の旅は、それだけの奥の深さと拡がりを持っているのである。いつかそうした日が来ると信じ、その露払いの役を任じて、執筆をお受けした次第である。

山あり谷あり、まさに波瀾万丈、息つく暇もなく、事件が次から次へと主人公に襲い掛かる筋立ての映画を「ジェットコースター・ムービー(Roller Coaster Ride of a Movie)」と呼ぶそうである。ならば「はやぶさ」の物語は間違いなく第一級のそれである。しかも、こちらはノン・フィクションである。如何《いか》な映画も及ばない、苦難と克服、歓喜と落胆の連続ドラマを、お楽しみ頂きたい。

今、この瞬間も「はやぶさ」は、その飛翔を続けている。多くの人達が、その帰還をひたすら祈っている。しかし、次の刹那には、その行方を見失い、全ての機能が失われていく有様を目撃しなければならないのかもしれない。日々、こうしたギリギリの運用を続けているチームに心よりのエールをお送り頂ければと思う。「はやぶさ」の燃料は未だ尽きてはいない。地球に帰還するに際し、最も重要なものはキセノン・ガスの残量ではなく、皆さんの応援である。「はやぶさ」は人の情熱を推進剤とした、世界で初めての探査機なのである。

2006年10月7日　著者

目次

プロローグ・挑戦

イトカワ（実写）と「はやぶさ」（CG：池下章裕画伯）の合成

未明の Go 指令

……確かに「はやぶさ」は獲物を捉えていた。

満身創痍《そうい》の状態ではあったが、〝知能〟にはいささかの翳《かげ》りも見せていなかった。的確に送られてくるデータは、その準備が整ったことを示していた。後は地上管制室の決断、プロジェクト・マネージャーの「Go 指令」を待つのみであった。「Go or NoGo」、行くべきか留まるべきか。通称〝プロマネ〟と呼ばれる教授に与えられた仕事は唯一つ、プロジェクト全体に発生する様々な問題に対して〝決断〟をすることである。これが「宇宙研」の仕事のやり方、伝統の手法なのである。

その決断が誤っていれば、十年を越える歳月と、数百億円規模の計画の全てを失うことになるかもしれない——そして、皮肉にもその苦行からは解放される。その決断が正しければ、また新しい、より過酷な決断を迫られる——そして、孤独と焦燥はさらに深まっていく。時にハムレットのように、虚空を睨《にら》み呻吟《しんぎん》する、それがプロマネという名の激務の実態である。

しかし、その責任の重さは、即《すなわ》ち遣《や》り甲斐《がい》である。かつては男の憧れる仕事として、総理大臣、プロ野球の監督、オーケストラの指揮者などがしばしば挙げられたが、科学・工学畑では、大型プロジェクトのマネージャーもその中に入るだろう。責任と誇りと、感動と失意を、一日二十四時間、背中に負いながら、それぞれに一家言《いっかげん》を持つ才能集団を束ねていくのである。遣り甲斐の無いはずがない。「はやぶさ」のプロマネとして選ばれたのは、長く惑星探査の重要性を説き続けてきた、独立行政法人・宇宙航空研究開発機構・宇宙科学研究本部「宇宙航行システム研究系」川口淳一郎教授である——落語の「寿限無《じゅげむ》」も顔負けのこの無駄に長い名称は、繰り返し書くことに全く適していないので、大抵は「JAXA/ISAS・川口研究室」などと略記される。

二年半の長旅の末、「はやぶさ」は遂に小惑星イトカワに到着した。姿勢制御装置である三基の「リアクション・ホイール」は、既に二基が機能を失い、軌道を精密に整え、静かに正確に目標に接近することが出来なくなっていた。

この装置は、高速で回転する「はずみ車」であり、三基がそれぞれ、異なる三方向を指向することによって、探査機を前後・左右・上下の各方向へと自在に操れるように設計されていたのである。それを二基まで失っては、もはや繊細な軌道の制御は望むべくもなかった。人間に譬《たと》えれば、首は回せても、顎《あご》が上がらない、身体を曲げることも出来ない、という状況である。

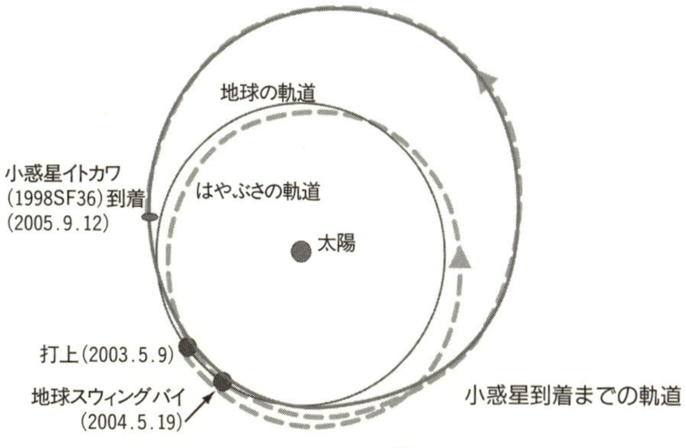

しかし、刀折れ矢尽きて、なお諦《あきら》めないのも、宇宙研の伝統である。彼等は、三輪車が二輪車になり、遂《つい》には一輪車となり果てた探査機を操る〝裏技〟を開発していた。

道具や装置を、本来の用途ではない方向で機能させる、譬えば「ネジ回し」で針金を曲げ、「ペンチ」でネジを回す、そこにエンジニアのセンスが光るのである。運用スタッフは、「化学スラスタ」を僅《わず》かに吹かしながら探査機を操るプログラムを、その場で開発し、千鳥足ながらも着陸の為には充分な精度が得られる方法を、既に発見していた。

2005年11月19日、日本時間21時。

プロマネは軽く呼吸を整えて、「これより降下を開始」と宣した。「はやぶさ」はイトカワ上空約1kmの地点から、その歴史的挑戦を始めた。地球から3億kmの彼方、差し渡し僅か500mの小惑星に、探査機を垂直に降ろそうというのである。しかも、相手は約12時間周期で自転している。平坦な場所も、猫の額《ひたい》ほどしかない。イトカワ近傍《きんぼう》に到着してから、この二ヶ月間に渡って、見て、調べて、考えて、やっと着陸可能な場所を探り当てた。〝新大陸の発見〟なのである。慎重を期すに越したことはない。

地球と太陽との距離を「一天文単位」と呼ぶ。約1億5000万km、これは秒速30万kmで直進する光ですら、到達におよそ500秒掛かる距離である。この時イトカワは、ほぼ地球軌道上、太陽を挟んで反対側に位置していた。その距離3億kmは二天文単位、光で1000秒を要する。ちなみに、地球と月の間の距離は約38万kmである——こちらは光で往復3秒も掛からない。スペースシャトルの高度は意外と低く、上空300km。これは新幹線で一時間、ほぼ東京・名古屋間である。仮にこの速度で月まで行くには53日、イトカワまでは114年掛かる。

可視光も、紫外線も赤外線も、テレビの電波も、携帯電話の通信波も、それぞれ波長が異なるだけで、全ては〝電磁波″の一種である。即ち、「はやぶさ」を地上から制御すべく電波で指令を送っても、それが到達するまで1000秒掛かり、確かにその指令を受け取ったとの返信が届くまで、さらに1000秒掛かることになる。一つの命令を送って、それが「はやぶさ」の状態を変えた、と管制室が確認出来るまで、約33分の時間を要するわけである。

時間差を距離に換算すれば、その意味する所の深刻さが御理解頂けるであろう。仮に位置の変化が、1秒間に1㎝という極めて小さなもので推移していても、それを地上が確認した段階では、「はやぶさ」の移動総量は20mにもなってしまう。これでは、回転する大きさ500mの小惑星への着陸は出来ない。

宇宙科学の分野では、月より遠方を「深宇宙(Deep Space)」と呼ぶ。深宇宙探査とは、距離との闘いであり、それ即ち、時間との闘いである。大きなタイムラグを克服する技術が無ければ、手も足も出ないのである。

二回のリハーサルで、様々な経験を積んだスタッフは、その複雑怪奇な操縦法を既にものにはしていた。しかし、片道1000秒の時間差を事前に配慮した上で、命令を出さねばならない。小惑星と地球を結んだ直線上に探査機を誘導しなければ、通信に支障をきたしてしまう。メインの電源である太陽電池パドルも、主アンテナも可動式ではない。探査機の中心軸がきちんと直線上に乗っていなければ、電力にも通信にも問題が生じるのが、我らが探査機の最大の弱点である。

可動式にすることに技術的な困難は無い。ただ、そうすることによって探査機の重量が増え、大きさが増し、その結果、費用がかさんで、肝心の観測機器に予算がつぎ込めなくなる。「はやぶさプロジェクト」の予算は、米国航空宇宙局(NASA)の最小計画よりもさらに数段低いのである。また、重い探査機は大型の打上げロケットを必要とするが、宇宙研のロケット「M-V(ミュー・ファイブ)」には大きさに関する政府の規制もある。こうした複雑な事情に鑑《かんが》み、ありとあらゆる利害関係の調整の末に選ばれた、〝現状でのベスト仕様〟が「はやぶさ」なのである。

宇宙科学研究本部
本館正面

神奈川県相模原《さがみはら》市の「宇宙科学研究本部(ISAS)」の三階管制室から、長野県佐久《さく》市の「臼田《うすだ》宇宙空間観測所」の大型パラボラ・アンテナに向け指令が送られる。しかし、地球もまた自転しているのである。

臼田宇宙空間観測所
64mアンテナ

臼田局から「はやぶさ」が捉えられる時間は、まさに太陽が日本を照らしている約8時間の間に限定される。電波が届く状態を、光の場合と同様に「可視」、実際に電波が入ったことを「入感」、逆を「消感」と云う。「はやぶさ」の主アンテナと臼田が直線で結ばれた〝臼田可視〟の僅かな時間の中で、往復33分の時間差を考慮しながら、主たる操縦装置の壊れた探査機を操らねばならないのである。

我が国は、深宇宙探査に必須である海外基地局を持っていない。従って、日没以降の「はやぶさ」の運用は、主にNASAの海外局を利用させて貰うことになる。

NASAは、「**深宇宙追跡局網（DSN：**Deep Space Network）」と称して、米国カリフォルニア州ゴールドストーン、スペインのマドリード、オーストラリアのキャンベラに巨大なアンテナ群を持っている。これら設置場所は、経度の間隔がほぼ120度になるように選ばれており、三ヶ所のアンテナを随時切り替えることで、多数の探査機を24時間連続で運用している。何しろ、1977年に打上げられた「ボイジャー探査機」まで、なお現役で太陽系の果てを飛翔中なのである。そう簡単に貴重な時間を貸してくれるわけではない、交渉、また交渉の連続である。

国際協力は、口で言うほど望まれてもいなければ、麗しくもない、現実的な妥協と取引の主戦場である。何か見返りを提供しなければ、タダで装置を貸してくれるほど、〝心優しい人〟は居ないのである。研究者の場合、それは共同研究の持ちかけであったり、取得したデータの優先使用権であったりする。場合、場合によって様々な交渉が行われるのである。我が国の宇宙関連の研究者が、切れ目の無い運用が可能な組織作りの為に、海外基地局の建設を熱望している事情がここにある。

また、「インチ」と「センチ」といった単位系の違いによる初歩的な間違いも、実際の現場では起こり得るのである。信じられないような話ではあるが、国が違えば習慣も違い、単位系が違えば発想も異なって、それを調整し、相互の整合性を保つことは容易なことではないのである。

国際協力とは、言葉と習慣の違いに振り回されて出る大量の冷や汗の産物である。将来計画など、時間的な余裕のある話ならいざ知らず、時々刻々、瞬間的な判断を要する危機的状況下では、なるべく一つの言語、共通の習慣、〝阿吽《あうん》の呼吸〟が通用するスタッフで事を進めたい。

しかし、陽は昇り、陽は沈む。毎日毎日「はやぶさ」は見え隠れして、夜半の本格的運用は否応《いやおう》なしに〝国際協力〟に頼らざるを得ない、というのが実状なのである。

これだけの悪条件の中、管制室の腕利き達は、数ヶ月の悪戦苦闘の末に編み出した操縦術を存分に駆使して、「はやぶさ」を秒速４cmで降下させていった。これは誤植ではない。１秒間に小指の長さほどの距離を、ゆっくりと移動させていったのである。それはシャボン玉のように、ゆらゆらと揺れながらの降下であったかもしれない。或いは名優の登場に備えて、迫《せり》の舞台が静かに下がっていくような、荘厳なものであったかもしれない。スタッフの脳内には、それぞれの「はやぶさ」の、それぞれの着陸模様が像を結んでいた。そのどれもが輝いていた。

既に日附は変わっていた。高度450m。降下速度は秒速12cmに上げられた。速度の制御は、既に名工の域に達していた。その誤差は、１秒間に僅か数mmの程度に抑えられた。これは蟻の歩みが問題になるレベルの精度である。

これまでの探査により出来たイトカワの詳細な地図と、「はやぶさ」の全てを知り抜いたスタッフが、送られてくる画像から将来の位置を先読みして指令を出す。遙か３億kmの彼方で、重さ500kgを越える探査機が、完璧に制御されている。「はやぶさ」は慎重に、まるで一歩一歩その足下を確かめるかのようにして、独り静かに降りて行く。

そして、決断の時は来た。総員の準備は整った。

11月20日、午前4時30分。

「Go / NoGo」の権限はプロマネに委ねられている。未明の最終決断、川口教授の「Go 指令」が管制室にこだました。当然、この時間帯は海外局経由の操縦である。緊張も心配事もさらに割り増しである。

しかしこの時、スタッフ全員の肩に重くのし掛かっていたのは、「はやぶさ」を制御する難しさや、海外局との意思疎通に対する不安だけではなかった。彼等には、人類初の小惑星への探査機着陸よりも、さらに重要な使命が与えられていたのである。それは過去の苦い思い出を克服する為に必要な、どうしても越えねばならない壁であり、捲土《けんど》重来《ちょうらい》を期しての闘いの幕開けでもあった。

世界88万人の夢を乗せて

2002年6月、我が国がサッカーW杯開催に沸き立っていた頃、人類の将来に大きな災禍《さいか》をもたらすであろう〝小惑星の衝突〟が現実の問題として、目の前に迫っていた。

6月14日、日本代表が大阪長居陸上競技場で、チュニジアを2対0で撃破したちょうど同じ日、直径約80mの「小惑星2002MN」が、地球近傍12万㎞の地点を通り過ぎた。これは月軌道の遙かに内側、静止軌道衛星高度の三倍という至近距離であった。東京に落下すれば、関東平野を壊滅させる破壊力を持った小惑星は、それでも暢気にスポーツに興じる人類に呆れたかのように、静かに去った。

そして同じ頃、一つのキャンペーンがひっそりと幕を閉じようとしていた。「《星の王子さまに会いに行きませんか》ミリオンキャンペーン」という名の「日本惑星協会」が主催した企画である。作家サン・テグジュペリ(Antoine de Saint-Exupéry)の小説に題を借りたこの企画は、小説の主人公が小惑星の支配者であることをヒントに、「はやぶさ」が到達目標としている小惑星に100万人の名前を届けよう、というものであった。

これに対して、家族で学校で、会社で集団で応募してくる人達が相次いだ。それは企画の中心に居た宇宙研・対外協力室の的川泰宣教授が、最も望んでいた姿であった。家族の一員としての動物や、亡くなった親族、これから生まれてくる子供の名前等々、企画者の想いを越えて、多くの人々の夢がこの小さな企画を彩っていった。その結果、全世界149ヶ国、87万7490人の人達が名前を送ってこられた。また、海外の宇宙に関心を持つ著名人もこれに応じた。以下にホンの数例を挙げておく。

スティーヴン・スピルバーグ(映画監督)
ポール・ニューマン(俳優)
アーサー・C・クラーク(SF作家)
バズ・オルドリン(アポロ11号で月面に降り立った)
アン・ドルーヤン(作家、カール・セーガン夫人)
フランク・ドレーク(SETI・宇宙人探しの企画者)
ブルース・マレー(ボイジャーの頃のJPL所長)
ルイス・フリードマン(惑星協会事務局長)

また国内では、日本宇宙少年団理事長である漫画家・松本零士さんが広く呼び掛け、多士済々《たしせいせい》の人々が参加した。野球界からは、長嶋茂雄さん、星野仙一さん。中日ドラゴンズの川相昌弘さんは、家族七名での参加であった。

醒めた大人の目から見れば、自分の名前が刻まれたプレートが小惑星に打ち込まれた所で、一体それが何になる、という感覚だろう。しかし、それには意味がある、非常に心躍る、という人々が続々と現れてきて、その文化的な意味が広く知られるようになってきたのである。これを「灯《とう》籠《ろう》流し」「宇宙精霊流《しようりよう》し」と呼ぶ人もある。長崎の精霊流しは、爆竹を鳴らしながら執り行われる初盆の行事であるが、宇宙版はもっと凄《すさ》まじく「M-V ロケット」の天地を切り裂く轟音《ごうおん》と共に、小惑星を目指して送り出されたわけである。もちろん、こちらは死者を弔《とむら》う為でも、その先導役を任じるわけでもない。敢《あ》えて云《い》うなら、生者と死者、人間と宇宙の紐帯《ちゆうたい》を確かめる為、となるだろうか。

日本中がサッカーW杯の話題で塗りつぶされていた中、地味ながらも懸命に広報活動を行い、何とか〝ミリオン〟の名に恥じないよう、最後まで目標の100万人を目指したが、それは達成出来なかった。しかしながら、宇宙関係の一般広報活動として、877490人という参加者数は、今も史上最高の記録として残っている。国別の内訳は、米国485453人、日本313955人、カナダ、オーストラリア、イギリスの順で、世界149ヶ国が並ぶ――主催国が二位というのが少々悔しくもあるが、そこに本家「惑星協会(The Planetary Society)」を主体とした米国流の盛り上げ方を見習い、むしろ教訓とするべきであろう。

実はこの企画には先例があった。1998年 7 月に打上げられた我が国初の惑星探査機「のぞみ」に対し、宇宙研は「あなたの名前を火星へ」という同種の企画を実行しており、この際にも27万人の人々がこれに応じていたのである。当時は、手書きの用紙や葉書を一枚一枚切り取って、縮小印刷していた為、想像を絶する苦労が関係者の中にあったという――今回は、携帯電話を含むネット環境を活用する手法により、作業をより機械化しやすくなった為、三倍以上の応募者に対しても迅速に対応出来たのである。

しかしながら、「のぞみ」は火星に届かなかった。超遠距離通信、軌道制御、探査機設計、運用技術等々、数多くの遺産を「はやぶさ」に残しはしたものの、電源系の不具合が致命的であり、火星周回軌道に必要な噴射が行えなかったのである。2003年12月9日午後8時30分、火星衝突による惑星環境汚染を回避する為に、最終コマンドが送られた。それによって「のぞみ」は永遠に太陽を周回する軌道へとその進路を変えた。何時の場合も、最終コマンドは淡々と、努めて無造作に送られる。そうした所作《しょさ》にこそ、関係者の深い無念を感じて欲しい。

この探査機は、打上げ当初より様々な試練を乗り越えてきた。その速度不足を、アクロバティックな軌道変更によって補い、何とか火星まで届けようと必死の思いで取り組んでいたのが川口教授率いる軌道設計チームであった。そして、最終コマンドが送られるその瞬間まで、なお新たな方策を模索し、そこに一縷《いちる》の望みを託していたのも川口チームの面々であった。

「火星探査機『のぞみ』にお名前を託された27万人の人びとへの手紙」と題するお詫びの文章が、的川教授によって公開された。的川・川口両教授にとって、「苦渋の決断は二度と御免だ」というのが本音であろう。二度失敗が続くと三度目は誰も取り合ってくれないものである。如何《いか》に素晴らしい企画であろうと、成功させなければ、やはり色々と苦情が来る。残念さが募《つの》れば募るほど、それは辛辣《しんらつ》な批判となって、探査計画そのものにも影を射していく。

「今回は何としても名前を届けてやる」。両教授の気持ちが熱く燃え上がり、それが二人の身も心をも引き締め、さらに周りにも拡がって、プロジェクト・チーム全体の志気が異様に上がっていったのである。ただ、的川教授の身体が一向に引き締まったように見えない所が、メンバーの気持ちを少々和らげていたのは、公然の秘密であった。

ターゲットマーカ

超遠隔操作の難しさ、時差の恐ろしさを強調してきた。しかし、ここにもっと大きな、本質的な問題が残っている。

当り前の話ではあるが、我々は誰一人として、小惑星イトカワの素性を知らない。その重さも、表面の形状も、その組成も分からない。分かっているのは、地上の観測機器を駆使したぼんやりとしたデータだけである。だからこその〝探査機〟なのであるが、これは着陸に際して、精密な事前の方策が採れないことを意味している。色々と想像を巡らして計画を立てることは出来るが、現実のイトカワを目の前にして、それが何処《どこ》まで真実に迫っているのか、それはまさに行ってみなければ分からないのである。

小惑星と探査機の間の視線方向の距離を測ることは容易である。難しいのは探査機が表面に沿って、水平方向にどれほどの速度をもって移動しているか、その値を知ることである。何しろ相手は自転しているのである。また、表面に対して垂直に降りなければ、表面物質の採取装置が使えない。回転している相手に、その回転に沿いながら、横方向にズレていくことなく、設定した着陸地点の真上から垂直に降下させねばならないのである。目の前のジャガイモの芯を、フォークで刺すことすら難しいというのに……。

充分遠方にある時は、横方向の速度を計測する手法は色々と考えられるが、視野一杯に対象が拡がるほど接近した場合、これを測ることは極めて困難である。例えば、自分の掌《てのひら》で目隠しをした場合、掌と眼との距離は多少摑《つか》めるだろうが、横方向に掌を動かしても、実際どの程度動いたのか、その量的なものまで摑むことは非常に難しい。敢《あ》えていえば、掌の皺《しわ》が一つの参考点になる程度だろう。

同様に、一枚の紙を眼の直近で動かした場合はどうだろうか。均質な、真っ白な紙が全視野を覆って動いていく場合、その動きを我々は感じることすら出来ない。要するに、対象に何か固定された目印が必要なのである。

小惑星に目印を！　表面に確実に固定されて、探査機から容易に発見出来る、軽くて信頼性の高い人工的な目印を設定することが、他の何にも増して、着陸の鍵となる最重要な技術であることが、次第次第に明らかになった。

その為に、ソフトボール大の「ターゲットマーカ（Target Marker）」と呼ばれるアルミ球体が製作された。ヒントは〝お手玉〟にあった。内部に収めた多数の微小球が、衝突時に互いに無秩序に動いて、全体のエネルギーを消散させる。この原理により、反撥《はんぱつ》が小さく、表面でほとんどバウンドせずに、ピタリと着地するものが開発された。

イトカワは極めて小さく軽いので、生じる重力も小さく、赤ん坊がボールを投げても、その重力圏を容易に離脱してしまう。イトカワから飛び立つのに、地球のような大《おお》袈裟《げさ》なロケットは無用なのである。従って、一寸《ちょっと》した跳ね返りが生じただけで、ターゲットマーカは飛び去ってしまう。搗《つ》き立ての餅のように、落下したその位置にピタリと留まらない限り、とても実際には使えないのである。

また、表面に入って来た光が、そのまま来た方向に反射するように工夫された反射シートでターゲットマーカ全体を覆っておけば、「はやぶさ」からのフラッシュにより発光して、確実に自らの居場所を教えてくれるに違いない。

では、どのようにして、絶対確実にターゲットマーカを探査機から切り離し、小惑星に降下させればいいのだろうか。宇宙開発に必要な技術は、〝それが必要でない時は絶対に外れず、それが必要な時には絶対確実に外れる〟という工学的に最も難しい条件が常に附《つ》きまとう。

電車であれ車であれ、「急ブレーキが掛かった時に、人も荷物も進行方向に投げ出される」という現象は、日頃誰もが体験している。それが故のシートベルトなのであるが、この「動いている物体は、そこに力が働かない限り、その状態のまま動き続ける」という物理の原理を、そのまま分離機構として活用する方法を開発スタッフは思い附いた。

探査機にターゲットマーカをワイヤーで固定しておき、降下時にそのワイヤーを切断する。そこで探査機本体は逆噴射によりブレーキを掛けて、降下速度を落とせば、ターゲットマーカだけが元の速度を保ったまま、結果として探査機から投げ出され、単独で小惑星表面に落下していく、という理窟《りくつ》である。投手が、指にボールを挟んで投げる魔球「フォーク」は、ボールを離す直前に、スッと手首を止める所にコツがある、という話を聞いたことがある。色々な場面で「物理の基礎原理」は活かされているようだ。

こうして小惑星上に、目印であるターゲットマーカが確実に置かれた後は、画像処理技術の出番である。2秒おきに探査機はフラッシュを発光させて、表面の様子を撮影する。そして、フラッシュ有りと無しの二種類の画像を比較すれば、ターゲットマーカの位置だけを取り出すことが出来るだろう。二種類の画像の〝引き算〟をするのである。

これで、垂直方向の距離をレーザ光線の反射を用いた距離計で測りながら、水平方向のズレもターゲットマーカの映像を参考にして修正していける。未知の対象であっても、こうした手法を組合せて、その場で状況を把握し、対応策を編み出し、その結果、理想とする状態を見附けだして、安全、確実に着陸態勢を作り得ることが分かった。

ここで一番重要なことは、以上のことを探査機本体が、管制室からの支援無しに全て独力で行い得る能力を持っていることである。撮像された情報から、プロマネが決断し、管制室が指示を送っていたのでは、全く手遅れである。繰り返し述べてきたように、彼我《ひが》の間には33分の時差が存在するのである。

ここまで精密な情報を収集して、自律的に状況判断する探査機はこれまで無かった。「はやぶさ」は我が国得意の人型ではないが、その実態は自律型の世界最高機能を有するロボットなのである。実際、関係者が「はやぶさ」という現在の愛称に決めるに際して、最後までその座を争ったのは「あとむ」であった。その能力に対する大いなる自負が無ければ、とても形態から連想される名称ではない。

こうした能力は、これからの宇宙探査に必須のものであろう。気が遠くなるような遠い空間で、未知の惑星を探査していくのに、一々地上局の判断を仰いでいるようでは、到底間に合わないのは、全く当り前の話なのであるから。

ターゲットマーカ

さて、〝88万人の名前〟であるが、応募者とスタッフ、「はやぶさ」計画に縁のある人全員の名前は整理され、フィルム状のアルミ箔に、半導体の製造に用いる微細加工技術を用いて刻印された。一文字の大きさは0.03㎜角である。そして、このフィルムはターゲットマーカの反射シート内側に附けられた。
「のぞみ」の場合、名前プレートは、バランス・ウエイトの一部として探査機本体に取り附けられた。回転により安定性を得る「のぞみ」のような探査機の場合、全体が滑《なめ》らかに回転するように、微調整用の錘《おもり》を必要とする、その部分の〝余裕〟を活用したのである。一般の車の場合にも、タイヤ全体の調整の為に、ホイールの隅に鉛の小さな錘が取り附けられているが、それと同じ理窟である。
　火星を周回して探査する予定であった「のぞみ」の場合には、探査機本体に装着されていて何の問題もなかったのであるが、「はやぶさ」の場合には、小惑星からサンプルを採り、それを持って帰還しなければならないのである。当然、〝名前〟は探査機とは切り離して、小惑星に残してこなければならない。そこでターゲットマーカに装着して、小惑星表面に落下させる方法が提案されたわけである。

　繰り返しになるが、ターゲットマーカは、「はやぶさ計画」になくてはならない必須の技術的要素であり、それに「88万人の名前」が埋め込まれ、一足先に降下、着陸して、小惑星表面から「はやぶさ」を手招きするという姿は、如何にも美しく、微笑ましい。また、その役を果たすに相応《ふさわ》しい、まさに〝小惑星の支配者〟となるべき目印であると思う。永遠にイトカワ表面に置かれたこの人工の目印を、何時の日か、誰かが別の方法で持ち帰ることがあるのかもしれない。そう考えるだけで、時の流れが少々緩やかに感じられてくるから不思議である。

未知の世界へ

自然の理法と人の技が見事に溶け合って、一つの機械に命が吹き込まれた。「はやぶさ」は高度な自律機能を持っている。しかし、その機能に、人間にしか出来ない状況判断を加味して、総合的な指示を与えているのは、管制室の責任者の時々刻々の決断であった。

この探査機は生きている。誰もがそう感じていた。だが、その命を一瞬にして奪ってしまう可能性があることもまた、皆が感じていることだった。

「はやぶさ」のスタッフは皆、人間と機械という垣根を越えて、まさに〝人機一体〟の心境で、その瞬間を〝複合的な生命体〟として生きていた。今、内部のどの部分が動かず、どの部分に無理が掛かっており、またどの部分の温度が上がっているのか、その全てが分かるだけに、その全てが幻影として目前に展開されるだけに、自然法則に沿って作動するより仕方のない機械であることを百も承知の上で、それでもなお〝頑張れ〟と祈った。そしてこの探査機は、あたかもその祈りに応えるかのように、何度も何度も奇跡的な復活を遂げてきたのである。

★ ☆ ★ ☆ ★

未知の世界への冒険が始まった。冒険が〝無謀な挑戦〟で終わらないように、以後の降下には幾つかの条件が設定されており、その全てが充《み》たされた時のみ、「はやぶさ」は着陸し、サンプル採取を行うように作られている。それはセンサによる情報収集と、機上コンピュータによる条件判断の組合せである。

「はやぶさ」は二種類の距離計を持っている。

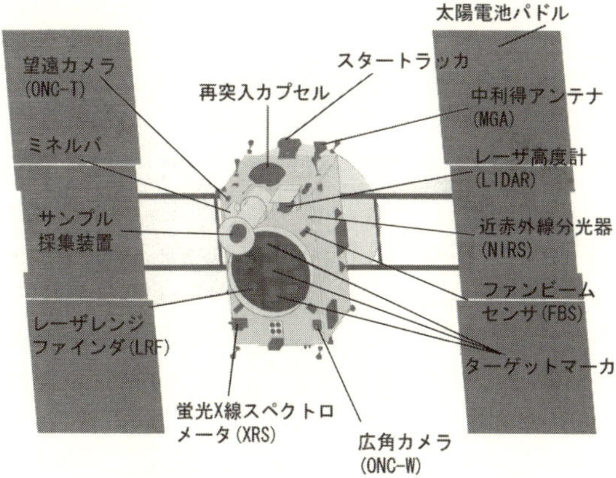

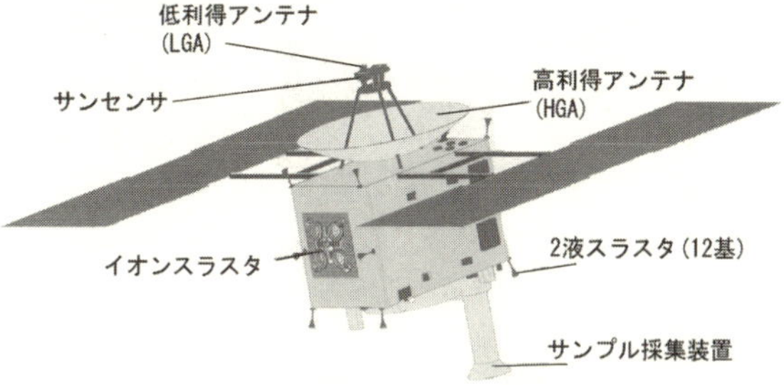

一つは「**レーザ高度計(LIDAR：**LIght Detection And Ranging)」、通称ライダーと呼ばれるもので、50kmから50mという極めて広い範囲に渡って、対象と探査機の距離を測ることが出来る高性能なものである――これは航法センサとしてだけではなく、小惑星の表面形状測定や重力推定などの理学観測機器としても用いられている。

10億分の15秒という時間を単位にして、長さ4.5mのレーザ光パルスを作り、これを1秒毎に放出して、その反射光の往復時間の測定によって、相手との距離を求めるのである。流石《さすが》に50km遠方では、出力された光のエネルギーも、約150億分の一にまで減衰してしまうが、その微弱な散乱光を、口径100㎜の「カセグレン望遠鏡」と、僅か一個の光子をも見出す「APD(Avalanche Photo Diode)」の組合せによって計測する。

もう一つは、「**近距離レーザ距離計**(LRF：Laser Range Finder)」と呼ばれ、四本のビームを一組として、120mから7mまでの範囲の距離を測定するものである。探査機の下面から放射状に拡がるように、四本のビームそれぞれに、30度の角度が附けられている。これによって、四角錐状の光の傘、いわば〝光のピラミッド〟を作り、その反射を調べることで、直下の高低差を〝ピラミッドを切り取る一つの面〟として立体的に捉えようとする機器である。

先ず、この二種類の距離計、LIDARとLRFが異なる値を出した場合、「はやぶさ」は自動的に上昇に転じ、帰還する。次に、LRFの少なくとも三本のビームがイトカワを捕らえられなかった場合、表面の傾斜を決定することが出来ないので、直ちに上昇・帰還する。

探査機の命は電源である。特に「はやぶさ」は、主たる推進機関である「**イオンエンジン**(IES：Ion Engine System)」まで電気駆動であり、とりわけ電気に依存した設計になっている。従って、第一に守るべきは上部の「**太陽電池パドル**」である。未見の小惑星の表面に着陸するに際して、この電源部を破損してしまっては、万事休すとなる。そこで、探査機の下部には、「**ファン・ビーム・センサ**(FBS：Fan Beam Sensor)」と呼ばれる障碍物《しょうがいぶつ》検出用センサが取り附けられている。このFBSが何らかの物体を検知した場合、上昇・帰還する。ターゲットマーカを見失った場合も同様に上昇・帰還する。

これらの設定は、その条件を強めたり弱めたりして、イトカワ表面の実際に合うように、管制室から調整される。
以下は、「はやぶさ」が記録していたデータを元にして、再構成したものである。送られてきた大量のデータを整理し、まとめた「はやぶさ」の行動記録である。

午前５時28分――高度54m

ターゲットマーカの拘束解除。誕生以来、「はやぶさ」とターゲットマーカを結んでいたワイヤーが切断された。〝臍《へそ》の緒《お》〟が切られたのである。降下速度、毎秒12㎝。
この時、地上との交信記録である「ドップラー速度履歴」は、「はやぶさ」自身が小惑星からの重力をも考慮して、その部分を見事に差し引き、緩やかな降下が続くように、自律的に制御していたことを記録していた。

午前５時30分――高度40m

探査機は自律的に減速。秒速３㎝に。ターゲットマーカは、毎秒12㎝の降下速度を維持。これによって、探査機下面から離脱、イトカワ表面に単独で降下を開始する。イトカワ到着は約400秒後と推定される。

午前５時32分――高度35m

この高度で「はやぶさ」は自律的に距離計を、LIDARからLRFに切り替えた。LRFによる高度制御は、当然初めての試みであったが、非常に安定していた。

午前５時33分――高度32m

署名入りターゲットマーカは、イトカワ中央部「ミューゼスの海」南西側に向け降下中。「はやぶさ」はターゲットマーカを撮影し、自律的にこれを追尾する。

高度25m。この地点で「はやぶさ」は降下を止め、ホバリングと呼ばれる上空での完全な静止状態に入った。こうして空前絶後の精密制御が実現した。ここから先は、イトカワの極めて小さな重力と、「太陽輻射圧《ふくしゃあつ》」に身を任せた着陸態勢を取る。

ここで太陽輻射圧とは、太陽の光が他に及ぼす具体的な力のことである。これは、太陽のコロナ附近より高速で吹き出している電離した粒子、即ち「プラズマ」の流れである「太陽風」とは全くの別物である。

原子・分子の力学である量子力学によって、光は粒子の性質をも持ち、野球やサッカーのボールと同様に、運動量やエネルギーを有して、他に働き掛けるものであることが明らかにされた。このように、光の性質の中、粒子としての側面を強調する場合には、それを「光子《こうし》(photon)」と呼ぶ。要するに、光子を反射するものは、ボールを当てられた壁と同じ意味で、〝力を受ける〟のである。

我々の日常生活における「目に見える大きさの物(マクロな対象)」の運動は、ニュートンの創始した力学体系——これを古典力学と呼ぶ——によって計算される。その一方で、半導体のような「原子・分子が支配する世界(ミクロな対象)」では、極微の物理学である量子力学が用いられる。

対象を分析するのに、古典力学で充分なのか、量子力学が必要なのか、という判断は、先ずは議論すべき相手の大きさによって決まるのである。

ロケットの内部の観測機器や制御機器は、当然、半導体の塊《かたまり》であり、量子力学が大活躍する場であるが、ロケットそのものは、マクロもマクロ、最も古典力学がその威力を発揮する場であって、これまで「月へ行くことですら古典力学で充分なのだ」といった表現でその有効性を讃《たた》えられてきたのである。しかし「はやぶさ」は、重さ500kgを越える物体の軌道ですら、量子力学的な考え方に基づく太陽輻射圧を計算に入れないと、きちんとした結果が得られないものになることを、明瞭な形で教えてくれた。

理想的な反射面では、太陽輻射圧は1000㎡当たり、一円玉一枚に働く重力に相当する力となる

太陽輻射圧の問題は、古くから議論があった。光を反射させる巨大な帆を揚げて、宇宙空間を太陽光の圧力によって、帆船のように悠々と航海しよう、という大計画もあるほどである。内外を問わず、これまでの探査機においても、太陽輻射圧は当然、配慮の中にはあった。だが、それらはあくまでも、主に対する従、僅かな補正のレベルでしかなかったのである。「はやぶさ」において初めて、対象の重力よりも太陽輻射圧の方が増さっている状況が出現した。それは、太陽から遠く離れた、小惑星上空に静止するという快挙によってもたらされたものである。

スタッフは、イトカワ上空20km地点を「ゲートポジション」、7km地点を「ホームポジション」と呼んで、両地点を「はやぶさ」の態勢を整える為の重要な位置としていた。「宇宙情報・エネルギー工学研究系」の吉川真・助教授の計算によれば、このゲートポジションでは、何と「はやぶさ」に働いている力の95%が輻射圧なのである――ホームポジションまで近づいてもなお、輻射圧が重力を上回る。「はやぶさ」は、史上初めてその軌道計算に、〝量子力学的考慮〟が必須となった探査機だと云えるだろう。

★ ☆ ★ ☆ ★

遂に約束は果たされた。88万人の名前は確かに小惑星に届けられた。その配達記録が以下の写真である。

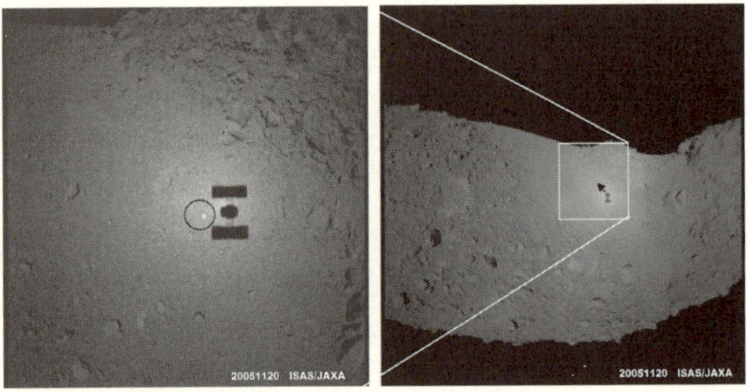

光るターゲットマーカと「はやぶさ」の影

一枚の写真がこれほどの感動を呼び起こすものだろうか。太陽を背に受け、イトカワを前にした「はやぶさ」。そこに影が映るのは当り前かもしれない。しかし、ロケットに装着された後、その姿を見たものは誰も居ないのである。惑星間を飛翔する勇姿は、全て想像上のものである。

地球を捉え、イトカワを写し、「はやぶさ」は貴重なデータを収集して、管制室の期待に応えてきた。しかし、「はやぶさ」が撮った写真はあっても、「はやぶさ」が撮られた写真、その姿が映った写真は、当然ながら一枚も無かった。

各種センサが知らせてくれても、物理的には当り前でも、「確かに太陽電池パドルが開いているぞ！」という興奮は抑えられなかった。〝宇宙の影絵〟が、初めて「はやぶさ」から送られてきた時、誰もが声を上げた、思わず手を打った。およそ論理的ではない感動ではあるが、それこそ人間の特権であろう。
　全ては予定通り、計画通りのものであったが、実際にこうした映像をピタリと予言し、描いた者は居なかった。「小惑星に映る探査機の影、そして輝く球体」、こんな単純なことでも、現実は私達を出し抜いて、大きな喜びを与えてくれるようだ。歴史を記録した報道写真は、しばしば大きな賞を受ける。凄腕カメラマンとして、「はやぶさ」を表彰する粋な組織はないものだろうか——ピュリッツァー賞担当の方、如何でしょうか？

　見事にターゲットマーカは着地した。余分なリバウンドも計測されていない。予定地域から30mも外れていない。3億kmで誤差30m。これは東京から九州の人間の髪の毛一本を選り分けるレベルの精度である。誘導・姿勢制御の責任者で、サブ・マネージャーを務める「宇宙探査工学研究系」の橋本樹明教授は、毎日毎日、胃が痛くなるような緊張感を感じながら管制室に詰めていたが、中でもこのターゲットマーカの分離時期の決定を下す瞬間が最も緊張した、と述懐している。
　練りに練られた制御システムの完璧な勝利である。
　しかし、ここからが本番だ。ターゲットマーカよ、小さな灯台として、しっかりと「はやぶさ」を導いてくれ。

ネットでの生中継

　こうした状況の一部始終は、管制室に置かれた簡易カメラを通して、インターネットで全世界に生中継された。ただし、〝音無し〟である。低速回線に配慮して〝小画面〟である。誠に残念ながら、その〝画質は粗末〟である。その質素さは、如何にも宇宙研らしい、という人も居たほどである。しかし、この中継もまた一つの伝説となった。
　多くの問題や欠陥も覚悟の上で、宇宙研は生中継に踏み切った。それは〝ファンの期待に応える〟為である。これまでの探査計画を支え、名前のキャンペーンに参加し、ネットを通して告知される数多くの宇宙研主催のイベントに興味を持って頂いたファンの方々への、感謝の気持ちの一つの表現であった。
　そして、何より「はやぶさ」が潜在的な宇宙ファンを掘り起こした。無謀とも云われた野心的なプロジェクトの姿勢が、多くの人の心に火を点《つ》けたのである。宇宙研のネット回線は、この時、既にパンク寸前であった。明け方の、インターネットの、音も無い、小さい、粗い画面を見ながら熱狂している人々が、全世界に無数に居たのである。首を振らない固定カメラが、行き交うスタッフの後ろ姿を捉えているだけの、非常に動きの少ない映像であり、唯一の頼りは、オペレーションの合間に書換えられる極々短いメッセージだけだというのに。
　しかし、その意味を理解している者にとっては、ただそれだけで鳥肌が立つほど興奮出来たのである。未知への冒険、新世界への挑戦、という情熱がネットの細い回線を越えて、それを見ている全ての人に伝わったのであろう。インターネット掲示板では、「はやぶさ」の擬人化が一段とその激しさを増していた。「後少しだ、頑張れ、はやぶさ」「負けるな、はやぶさ」という書き込みは、スタッフをも感動させた。そこには不思議な一体感が生まれていた。

5時40分――高度17m

　画像解析システムは、ターゲットマーカの位置を算出し捕捉し続ける。自律機能は、パラボラを地球に向けた姿勢から、イトカワの地表面にならう姿勢に変更した。

これによって、地上との通信は質の低いものに変わらざるを得ないが、獲得した情報を遣り取りすることよりも、着陸地点に垂直に降下することの方が優先される為の止むを得ざる選択であった。以後は自身の判断のみによって、着陸を試みるよう「はやぶさ」はプログラムされている。

ここで通信環境について紹介しておこう。「はやぶさ」は三種類のアンテナを持っている。送信のレベルに従って、高・中・低と分けられる。

機体上部のパラボラ・アンテナは、「**HGA**(High Gain Antenna：高利得アンテナ)」と呼ばれ、最高速の通信環境を提供する。この通信モードでは、探査機の〝健康状態〟や、各種理学観測の結果など、大規模なデータをスムーズに地上局に降ろすことが出来る。ただし、HGAは、角度の許容範囲が1度以内という鋭敏な指向性を持っており、その性能は地球との位置関係に大きく依存する。先にも述べたが「はやぶさ」は、このアンテナが可動式でない為に、常に機体全体を動かして、方向を改善していく必要がある。従って、姿勢の制御に問題が生じた場合には、高速での通信をすることは難しいのである。

「**MGA**(Medium Gain Antenna：中利得アンテナ)」は、機体の前面に取り付けられたもので、指向性が比較的弱く、また一方向ではあるが首が振れるので、機体の姿勢に対応することが出来る――二基搭載されている。

「**LGA**(Low Gain Antenna：低利得アンテナ)」は、パラボラ先端部に一基、機体下面に二基搭載され、カバーする領域も非常に広く、最もタフなシステムになっている。しかし、流石に3億kmの彼方では、「**ビーコン**」と呼ばれる情報の乗っていない電波の送受信しか行えなかった。

さて、余り好い譬えではないかもしれないが、それぞれの通信レベルには、「携帯電話」「糸電話」「手旗《てばた》信号」と表現してもいいほどの大きな差がある。特にLGAの通信環境は、機体の向きや状況とは無関係に、ギリギリの状態まで使用に耐えるように設計されているが、その通信は、内容希薄であり、非常に低速である。これは、いわば最後の命綱であって、救急救命用のものである——このシステムは「のぞみ」の運用中に急遽開発されたもので、幾度もそのピンチを救った所から、「はやぶさ」の設計には、最初から組み込まれていた。

姿勢変更に伴い、「はやぶさ」は逐次の状況報告を中断し、LGAによるビーコン送信に切り替えた。地上ではこの電波を監視し、その「往復時間」から距離を、「ドップラー変位」の計測から速度を推測した。

救急車や消防車がサイレンを鳴らしながらやって来て、前を通り過ぎると、高い音程を保っていた音が、一気に低く変化していく。これを「ドップラー現象」と呼ぶが、同じことが電波にも起こり、それを利用することで、対象の移動速度が計測出来る。この通信モードは、探査機の〝心臓の鼓動〟を聞くようなものではあるが、それだけでも元気に活動しているかどうかは、よく分かるのである。

「はやぶさ」は舞い降りた

大混乱はここから始まった。いや、これは混乱ではない、むしろ困惑というべきであろう。

「はやぶさ」が姿勢を変え、HGAの使用を停止して、自律的な着陸に専念することは設定通りの、まさに〝予定の行動〟であった。管制室は、送られてくる〝心臓の鼓動〟に耳を澄まし、探査機が今、どれくらいの高度で、どれくらいの速度をもって移動中であるか、ただそのことだけを、ワクワクしながら見守っていればいいはずであった。

時間ばかりが過ぎていった。

ここまでくれば、後は自動的に「着陸」まで行われるはずであった。「サンプラー・ホーン」と呼ばれる下面の長い筒から、弾丸を発射し、巻き上がった粉塵を採取して、〝サンプル採取〟という歓喜の瞬間を迎えるはずであった。

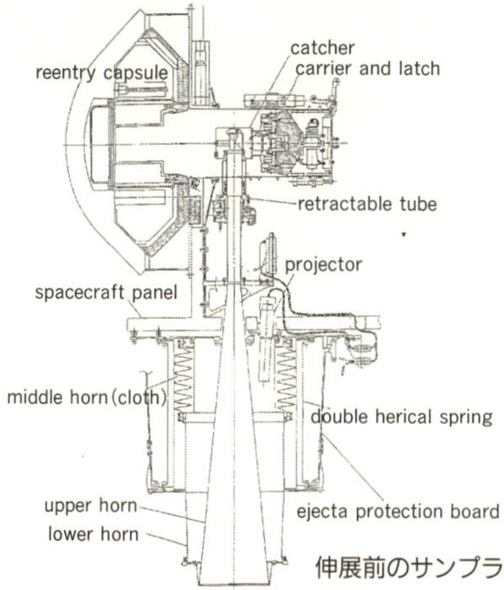

伸展前のサンプラー・ホーン

もどかしい、何とも嫌な時間が過ぎていく。「ドップラー変位」は、何時まで経っても、【秒速２cmで降下中】を表示したままであった。一体、何が起こったのだろうか。

42キロを走り終えて競技場に戻り、今まさにゴールという瞬間に、ゴールが遠ざかっていく。走っても走っても、一向に近づいてこない。「冷静になろう」「論理的に考えよう」「現実を見よう」「数値の裏を考えろ」「何か忘れている要素は無いか」、管制室を包む不気味な沈黙の奥で、スタッフ全員が、あらん限りの力を振り絞って、現状を何とか合理的に理解しよう、と奮闘していた。イトカワに突き刺さって、身動きが取れなくなり、イトカワと共に自転しているのではないか、との意見も出された。未知の出来事に遭遇するのが、科学の醍醐味である。しかし、「こんな醍醐味は御免だ」と誰もが思った。

自律機能とは〝判断〟を行うことである。数多くのセンサから得た情報を整理し、優先順位を附け、自らの目的の遂行の為に適切な選択を行う。名作映画『2001年宇宙の旅』の主役であるコンピュータ「HAL9000」のように、高度な自律機能を持った機械に対して、人間が知らず識《し》らずの中《うち》に矛盾した命令を与えてしまえば、想像も出来ない暴走をする可能性はあるだろう。「はやぶさ」もまた、優秀過ぎるが故に、予想外の行動に出たのかもしれない。優先順位が互いに競合して、矛盾の環の中に落ち込んでしまったのかもしれない。

夜明けは近い。ゴールドストーン局からの追跡の時間帯は終わり、臼田局への切り替えの時間が迫っていた。局を切り替える瞬間が、最も危険である。この時間帯を跨《また》いで、複雑なオペレーションをすることは出来ない。局が変わって、「蓋《ふた》を開けたら、さて何処にいるのか分からなくなった」ということも充分有り得るのである。

不気味な、もどかしい30分が過ぎていった。

この瞬間にも、100度を超えるイトカワの表面に焙《あぶ》られて、「はやぶさ」は瀕死の状態に陥っているのかもしれない。プロマネは最も難しい決断を迫られていた。

★　☆　★　☆　★

この時、「はやぶさ」はプログラムに従って降下中であった。そして、その自律機能は充分に働いていた。

見事な舵捌《かじさば》きで、ターゲットマーカ上空に接近し、遂に高度は10mを切った。この段階で「はやぶさ」はターゲットマーカの追尾を止め、イトカワの重力に身を任せた自由落下運動によって、着地する予定であった。

しかしこの時、障碍物センサ(FBS)が反応した。化学スラスタが砂埃でも巻き上げたのだろうか、FBSは〝何らかの反射光〟を捉え、【直下に障碍物有り】との情報をコンピュータに伝えた。太陽電池パドルの損傷だけは、何があっても避けねばならない。

これにより、「はやぶさ」は降下の中断を決意し、緊急上昇を試みようとした。しかし、上昇を行う為には、探査機の姿勢が問題であり、それには「許容範囲」が設定されていた。異常な姿勢で、急激な上昇を試みた場合、さらに危険度は増すからである。自律機能は、こうした要素を確実に把握し、その結果、「今、何を為すべきか」を考えた。

——【降下すれば、下に障碍物がある】

——【降下は中止】

——【上昇し、安全地帯まで待避することが必要である】

——【しかし、現状は上昇する為に充分な姿勢ではない】

——【さて、どうするべきか？】

何を捨て、何を採るべきか。管制室のプロマネ以上に、「はやぶさ」自身も迷っていたに違いない。

コンピュータは、不充分な態勢で上昇することの危険度を最も高くみた。結論は緩やかな降下の続行であった。これは予定されていた「着陸プロセス」とは完全に異なっていた。従って、「はやぶさ」は着陸以降の最も重要な作業、即ち「サンプル採取」への手続きを省略した。

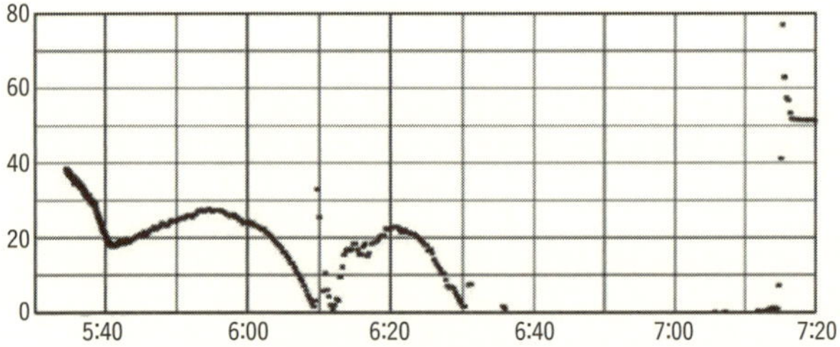

LRF による着陸時の計測値。縦軸は距離、横軸は日本時間

こうした〝葛藤〟の故であろうか、「はやぶさ」は僅かに高度を上げ、急激に降下に転じて、イトカワに接触した。そしてその直後に、再び上昇、下降を繰り返し、結局、二回のバウンドの後に表面に落ち着いた。その時、ドップラー・データは【高度０】を示していた。

遂に「はやぶさ」は舞い降りた。

小惑星への軟着陸という大偉業がこの瞬間に為された。時に**午前６時10分**。歴史的な着陸は、何らかのアクシデントにより、実に不可解な形で行われた。そして、その滞在は何と30分ほども続いたのである。

その外形から明らかなように、「はやぶさ」は着陸用の脚を持っていない。元々が、「小惑星に舞い降り、一瞬にしてサンプルを採取して、直ちに飛び去る」という計画である――その姿を〝獲物を狙う隼《はやぶさ》〟と見立てての命名でもあった。従って、着陸はサンプラー・ホーンを起点に、一方の太陽電池パドルを下に着けたような形で為された、と想像されている。

その着陸が「はやぶさ」自身にとっても予想外のものであったことを示すように、6時40分から7時10分の間、化学スラスタが何度も繰り返し噴射された、という記録が残っている。どうやら「はやぶさ」には着陸したという〝意識〟はなく、唯々《ただただ》自らの崩れた姿勢を元に戻そうと必死の努力を重ねていたように見える。しかし、姿勢制御用の噴射には、一旦着陸した機体を再度上昇に転じさせるだけの力は無い。栄光の着陸を誇るでもなく、「はやぶさ」は独り目的地で藻《も》掻《が》いていたのである。

確かに「はやぶさ」は舞い降りた。今、3億kmの彼方、小惑星イトカワの表面に着陸している。それとは知らず、単発的な噴射を続けながら。そして、摂氏100度を超えるイトカワの表面に焙られながら。

連続的な噴射を行わなければ、離陸は出来ない。しかし、それは自律機能の限界を超えている。その一方で、探査機内部の温度はグングンと上昇し続けていた。「はやぶさ」もまた、プロマネの決断を待っていたのである。

★　☆　★　☆　★

以上の結果は、後日「はやぶさ」から送られてきたデータを徹底的に吟味して、初めて分かったことである。再び、その時、その瞬間の管制室に戻ってみよう。

……困惑はなお続いていた。

しかし、「はやぶさ」の現状がどうであれ、イトカワ表面の高温に、これ以上長い時間曝《さら》され続けては、機器の全てが異常をきたす。全てがダメになってしまう。

午前6時58分、プロマネは遂に決断した。

「デルタVを打とう！」——緊急離陸の指令である。

16分後、待ちに待った指令が届いた。「はやぶさ」は立ち上がった。化学スラスタを思い切りよく吹いた！

しかし、通信回線は安定性を欠き、機器も長い時間焙られて高温になっていた。恐らくは摂氏80度近くまで上昇したのではないか、と考えられている。さらに、事前に設定された着陸過程とは異なる行動を強いられ、機上での判断の限界を超えた為であろうか、「はやぶさ」は自律的に「セーフ・ホールド」モードに移行した。これは、太陽電池パドルを太陽に向け、不慮の事態に備えて、探査機の力学的な安定性を確保しておく為に、パラボラを対称軸に機体全体を回転させる、という姿勢への転換である。

「はやぶさ」は太陽を求め、グルグルと回りながら、イトカワから離れていった。この時、米国のアポロ月探査船、ソ連のルナ月探査機以来の偉業が達成された。「はやぶさ」は、月以外の天体において、「離着陸」をした初めての宇宙機となった。

アポロは有人、ルナは無人である。有人故に安全性の問題が最重要視され、難しい問題が多い一方で、有人故に人間任せにして、高度な自律機能を必要としない部分も多い。同じ無人機ではあっても、月までの通信時間は往復でも3秒と掛からない。しかも両者共、月面に発射台として着陸船の一部を切り離し、置き去りにしている。「はやぶさ」は着陸した時の形態のまま、全く何も変わらない状態で、そのまま離陸したのである。

もちろん、有人・無人の違いの他に、月の大きな重力の問題など、同列に比較することの出来ない点は数多いが、それにしても、これからの宇宙探査において、〝行った形のままで帰ってくる〟ということが非常に重要であることは自明であろう。目的地との間を往復してこその宇宙船である。有人であれ無人であれ、目的地に着陸し、仕事をして離陸する、そして地球に帰還するという一連のプロセスを完璧に実現させることによって初めて、本格的な宇宙探査時代が切り開かれるのである。この意味からも、「はやぶさ」は人類が目指す「未来の宇宙船」の姿を先取りしたものと云えるだろう。

「はやぶさ」の計画が公になってから、米国は先陣争いに急遽《きゅうきょ》参戦して来た。何もかも一番でなければ気が済まないという〝時に羨《うらや》ましく、時に疎《うと》ましい〟気性を存分に発揮して、後発ながらアッと言う間に、様々な面で対抗する計画を立ちあげ、実際にそれを成功させたのである。しかし、米国がどれほど必死に後追いを続けても、到底「はやぶさ」の先進性に追い附くものではない。打上げ直後に川口教授は、加点法の「はやぶさ採点簿」を公開した。

電気推進エンジン稼動開始（3台同時運転は世界初）	50点
電気推進エンジンの1000時間稼動	100点
地球スウィングバイ（電気推進によるものは世界初）	150点
自律航法に成功して「イトカワ」とのランデブー	200点
「イトカワ」の科学観測	250点
「イトカワ」にタッチダウンしてサンプルを採取	300点
カプセルが地球に帰還、大気圏に再突入して回収	400点
「イトカワ」のサンプル入手	500点

これは500点満点で見るのではない。「**100点満点の500点**」を狙ったものなのである。即ち、どの項目を取っても、一つのプロジェクトとして成立する、極めてレベルの高いものであり、それを一挙に、何もかも同時に成し遂げ

てやろう、という途方もない計画なのである。諸外国の研究者が、恐るべき計画だ、と溜息を吐《つ》いたのも頷《うなず》けよう。

そして、彼等はその予算総額を聞いて、再び呆れ果てたのである。「そんな金額で探査機が設計出来るのか」と、しばしば関係者は聞かれたそうである。そして、「探査機だけではない、ロケットも、射場も、それらの経費も含めた総額だ」と答えた後で、苦笑するのが常であった。

志は高く予算は低くの宇宙研、は世界の宇宙科学の〝色々な意味での〟トップに君臨しているのである。何故、世界の研究者が呆れるほどの低予算で、野心的なプロジェクトを次々と立ちあげ、30年前の雨漏りさえする施設から、人類初の成果を導き出すことが出来たのであろうか。

内之浦宇宙空間観測所・コントロールセンター

全てはおよそ50年前、一人の研究者が行った実験に端を発している。小惑星イトカワの名前の由来ともなった、糸川英夫教授が行った「ペンシルロケット水平試射」、全てはここから始まったのである。

第Ⅰ部 大地の詩

第1章

逆転の糸川英夫

1.1　50年の時を越えて

2005年８月19日、千葉県の「幕張メッセ」にて、「ペンシルロケット・フェスティバル」と題するイベントが開催された。諸般の事情で金曜日開催にズレこんだことで、現場の責任者は参加者の数を不安視していたが、夕方５時までに4000人を越える家族連れが足を運び、まる一日、会場内で行われた様々な企画を楽しんだ。

会場全景——奥にメインステージ

子供達が安心して大きな声で歌える「夢のある歌」を、との要請に応えて作られた、『えんぴつのうた』（谷川俊太郎作詞・谷川賢作作曲）のお披露目。和太鼓の「鬼太鼓座」による力強い演奏。直前にスペース・シャトルで念願の宇宙に飛び出し、大活躍した野口聡一宇宙飛行士からのビデオ・メッセージ。人気グループのSMAPが、テレビ番組内で、「宇宙に持っていきたい日本の味を」という野口飛行士の希望を受けて調理し、その後、実際にシャトル内に持ち込まれたことで有名になった「宇宙カレー（SMAP版ドライカレー）」を再現した「宇宙レストラン」。プラネタリウム「メガスター」の上映会。ゲーム大会にクイズ・ラリー、等々。子供から大人まで、家族で楽しめることを念頭において、様々な工夫が為されていた。

しかし、何と言っても主役は、イベント名が示す通り「ペンシルロケット」。1955年４月12日、国分寺市の新中央工業廃工場跡地の「銃器試射用ピット」において、糸川英夫教授によって行われた、我が国初のロケット実験、長さ23㎝の「ペンシルロケット水平試射」の再現である。

これは『50年前の情熱を未来の50年へ』という合言葉の下に、宇宙開発の過去・将来の100年を広く見渡そう、という趣旨から提案されたものであり、単にイベントの目玉企画として、世界でも類例の無い「本物のロケットの屋内発射」という話題性を目論《もくろ》んでのものではない。

午前中一回、午後二回の発射を一般公開で行うには、事前の実験で100％の成功が収められていなければならない。安全面に支障を来すような暴発、その他の大きな問題は言うに及ばず、全国各地から、この発射を楽しみにして来られる多くの方々の為には、不発、遅延すら許されない。

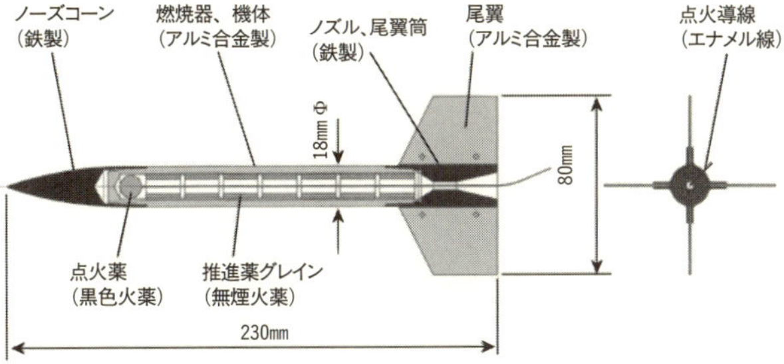

ペンシルロケットの詳細図（2005年版）

この企画の中心に居た的川教授は、こうした非常に厳しい状況に、大きな教育的効果を見出した。未だ研究開発の本当の修羅場を知らない宇宙研の若手達に、50年前の研究者が、何も無い所からどのようにして実験計画を立ち上げたのか、現在のような観測機器が存在しなかった時代に、如何《いか》なる工夫でそれを切り抜けていたのか、といった研究の本質的問題を体感して欲しい、と考えた。日常の研究活動に忙殺されている若手に対し、雑務とも思える、こうしたイベントへの参加を敢えて要請し、〝有志募集〟という形の半強制で18名のメンバーを集めた。

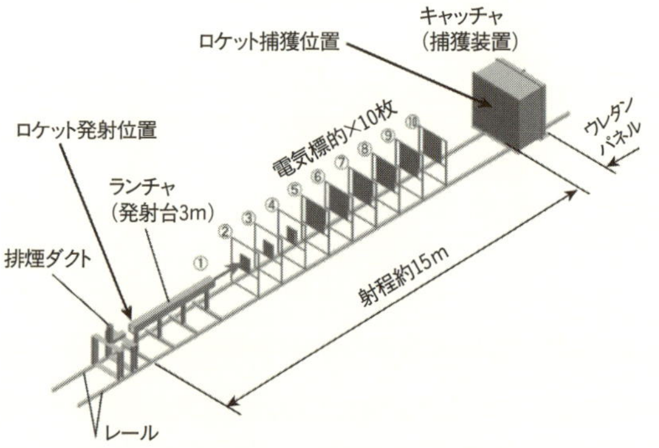

50年ぶりに蘇った「実験装置」の概要

彼等に与えられた課題は、「公開実験に対する安全性の確保」「ロケット、発射装置の忠実な複製」「水平試射実験そのものの再現」「当時と同じ編成の実験チームの構成」などであった。先《ま》ずは50年前の論文、資料を収集し、その内容に従ってメンバーを、「ロケット班」「点火管制班」「スタンド班」「飛翔計測班」「音響計測班」「光学班」「企画対応班」という班に分けることから、その仕事は始まった。

初めは、やや及び腰であったように見えたメンバーも、次第次第に、研究開発の神髄《しんずい》ともいえる、自分達で考え、自分達の手を汚して物を作り、そしてそれが確かに機能する所を目《ま》の当たりにする、という一連の流れに感動し、遂に我を忘れて没入するに至った。調べれば調べるほど、巧妙な工夫が際立ってくる50年前の実験を、まさに自分達の新しい課題として捉え、それを現代に再現することの意味を理解し出したのである。

あきる野で、能代《のしろ》で、とJAXAの各施設で行われた10数回に及ぶ事前の実験は、全て完璧に成功した。当初の不安げな表情は微塵《みじん》もなくなっていた。そして、イベント当日は、気持ちの好い緊張感の中、全員が晴れやかな笑顔で事に臨み、見事に三回の実験を大成功の中に終わらせた。「パーン」という大きな発射音と、会場の空調に乗って微かに漂う火薬の臭いが、彼等のそれまでの苦労を癒《いや》してくれるかのようであった。

2005年の「コントロールセンター」

1955年の「コントロールセンター」、糸川英夫総指揮

この実験には、実に様々なアイデアが詰まっている。糸川の多様な才能が存分に発揮されている。少々大袈裟《おおげさ》にも見える発射管制卓もその一つである。各班の終了を確認する度に、電球を一つずつ灯していき、一番大きな電球の点灯をもって、発射準備完了とする。この管制卓は、マスコミにロケットの発射とは如何《いか》なるプロセスを経て行われるものか、ということを分かり易く見せようとの意図であったが、より本質的には、「これからロケットが幾ら大きくなっても、やることは変わらない、一個の電球に象徴される担当部署が大きくなるだけだ」という糸川のメッセージも込められていた。これぞ日本初の「ロケット・コントロールセンター」だというわけである。

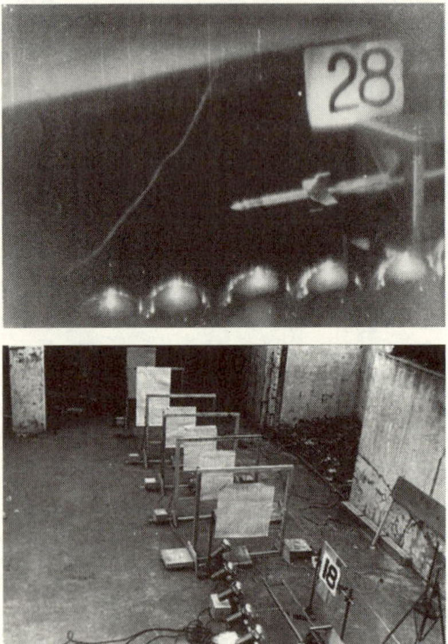

1955年のペンシルと実験装置

現代のロケット開発は、完全な分業体制になっており、全体を学ぶ機会は訪れない。50年前のように、何から何まで個人に要求され、それに応えることで多くの知識と経験を積んで、決して他の者では代わりの務まらない本物の専門家に育っていく、という過程は今や誰にも経験出来ない。所謂《いわゆる》〝猛者〟を育てる環境にはないのである。

こうした寂しい状況の中、彼等は「再現実験」という名のタイムマシーンを与えられ、一人の人間の持つウエイトが極めて大きかった時代へと送り込まれた。そこでは、言い訳も後戻りも出来ない、道具が無ければ自分で作る、材料が無ければ代用品を工夫する、という事が当り前であり、少ないメンバーが寝食を共にし、そのことによって連帯意識を高め、書類を書く代わりに議論をし、問答の代わりに手を動かす、という黎明期の開発現場の息吹を自分達の肌で感じ、それをそのまま自分達の時代である〝今〟へ持ち帰って来たのである。それが大きな自信を彼等に与えた、それが笑顔の意味であった。

1.2　伝統を受け継ぐ者

的川教授の思惑は大いに当たり、それは予想以上の効果を挙げた。「ペンシルロケット」には、宇宙研の素晴らしい伝統が詰まっている、その伝統を若い人達に伝えねばならない。加えて、彼等がまた後に続く世代に手渡していく、という連鎖も必要である。

最初の一歩は踏み出された。来賓として出席していた〝50年前の若手達〟も、往時を偲《しの》ぶと共に、確かにバトンは手渡されたと、「今の若手達」を頼もしく見ていた。そして、次の一歩も確保された。次代を担う子供達が、数多くこのイベントに参加してくれたからである。過去、現在、未来が見事につながった瞬間であった。

さらに、もう一つ嬉しいニュースが、このフェスティバルの直前に、宇宙からもたらされていた。シャトルでフライト中の野口飛行士が、私物として「ペンシルの実物」を機内に持ち込んでいたのである。

上空300kmでのペンシルの飛翔

この時、野口飛行士は子供達へ向けて、『大きな夢というのは実現するまでに、すごく長く時間がかかることがあります。私が運んだペンシルロケットも、50年前はじめて打上げられ、ずいぶん長い時間をかけてついに宇宙ステーションまで来ました。みなさんの夢もいつか実現するように祈っています』というメッセージを贈っている。世界最小のロケットとして、米国・ワシントンの「スミソニアン航空宇宙博物館」にも展示されているペンシルは、遂に宇宙にまで届いたのである。

さて、それでは「宇宙研の伝統」とは何か。長さ23cmの玩具のようなロケットの、何処《どこ》に独創性があるというのか。そもそも「日本のロケット開発の父」と呼ばれる糸川英夫とは、一体如何《いか》なる人物なのであろうか。

世界の潮流とは一線を画した「日本独自のロケット開発」は、糸川英夫個人の資質に大きく依存した形で進展した。ロケットの研究開発は、速く、遠く、確実に、といった工学的な問題から生じる歴史の必然であり、我が国においても、仮に糸川が乗り出さなくとも、いずれは誰かが行ったであろう。しかし、その時期は大幅に遅れたであろうし、また現在ほどの独自性を生み出し得たか、は大いに疑問である。それほど糸川の発想は独特であった。

人真似を嫌い、二番煎じを嫌う糸川の気性が、そのまま我が国の宇宙開発の方向性を定め、その精神は今なお活かされている。「糸川英夫の発想」を知る為には、先《ま》ずその生い立ちから遡《さかのぼ》って見ていく必要がありそうである。

1.3　少年時代

糸川英夫は、1912年(明治45年) 7月20日、東京は西麻布で生まれた。明治天皇崩御《ほうぎよ》の10日前である。まさに最後の明治人と云うべきであろうか。文藝評論家・福田恆存、映画監督・新藤兼人、俳優・大友柳太朗、数学者・矢野健太郎、天文学者・宮本正太郎らは同年生まれである。また、ドイツで「V2号ミサイル」を設計し、後に米国に亡命して、「アポロ計画」を強烈なリーダーシップで成功させた巨人「フォン・ブラウン(von Braun)」とも同い年であることは、歴史の偶然として記憶に値するだろう。

父・荘吉は実業高校の校長であった。荘吉は妻・梅子との間に七人の子供をもうけた。そのうち五人は男であり、四人は後に東京帝国大学に学んだ。英夫は次男であった。

家庭には、不思議を不思議のままでは終わらせない雰囲気があった。学問の風が吹いていた。特に父親は、様々に工夫を凝らして、子供達に多くの体験をさせていた。それは、時に単純な自然観察であり、時に意味深長な機械文明の紹介であった。

1916年(大正5年) 4 月、「鳥人」アート・スミス飛行士が青山練兵場(現・明治神宮外苑)にて曲技飛行を行った。父に連れられた四歳の英夫は、青空を駆ける銀色の翼に強く印象附けられた。ちなみに糸川より六歳年長の本田宗一郎(本田技研創業者)も翌年の浜松でのスミスの飛行によって、初めて実機が飛んでいる姿を見た、と言っている——こちらは親父に内緒で。さらに余談ではあるが、ソニー創業者の井深大もまた、名古屋でこれを見たそうである——こちらは祖父同伴。

五歳の頃、父が買い与えた『エジソン伝』を読んで大いに感動した。科学者や技術者への憧れを抱くようになった。自分も偉大な発明家の仲間入りをしたいと願った。科学・技術との出会いである。これを、糸川の生涯を特徴附《づ》ける「感動から憧れへ、そして未来への決心へ」というパターンの最初の例である、と喝破したのは、大学院修士課程の学生として糸川の最後の弟子となった的川教授である——以後、この項の糸川に関する記述は、〝不肖《ふしょう》の弟子〟を自称する教授からの受け売りである。

また、父は毎週のように息子をキリスト教会の日曜学校に連れて行った。そこで、英夫はオルガンに親しむようになった。四年生からはバイオリンを習いに行き、楽譜を読む訓練を受けた。音楽との出会いである。

何をやってもそつなくこなせる自分自身に対して、興味が持てなかったのであろうか、学校の勉強には熱が入らなかった。しかし、隣席の友達が登校困難な健康状態にあり、そのハンディを埋めるのは、あなたしかない、と母親に諭《さと》された瞬間に、英夫は勉強とは自分の為ではなく、他人の為にこそするものである、という発想を抱くに至った。今学んで来たことを、直ちに同級生に教える為には、中途半端な理解では到底その役をこなせない。その日を境に、英夫の勉強ぶりは非常に厳しく、徹底したものになった。

1927年(昭和２年)５月21日、チャールズ・リンドバーグが大西洋無着陸横断に成功した、とのビッグニュースが世界を駆け巡った。愛機「スピリット・オブ・セントルイス」を駆って、33時間半もの孤独な飛行に耐え抜き、『翼よ、あれがパリの灯だ』という名言を残した。

中学三年生になっていた英夫は、表現の出来ないほどの強い感動と衝撃を受けた。同時に「何故、それがアメリカ人・リンドバーグであって、日本人ではなかったか」という点が大いに気になった。これは「太平洋は君に任せた」という意味であろうか、とさえ考えた。そして、次の瞬間には、「一生を飛行機に捧げることをハッキリと決意」した。スミスの飛行からリンドバーグを経て、遂に英夫少年は生涯の目標を確立させた。

東京高校の理科甲類に進学して、エンジニアを目指すことになった。しかし、音楽への興味もまた持続していた。オーケストラに入ってチェロを弾くことになった。弦楽四重奏団を結成した。その第二バイオリンは矢野健太郎であった。結局、高校時代は音楽漬けの毎日で終わった。

大学は本人の初志の通りに、東京帝国大学工学部航空工学科に進んだ。そこで生涯の師となる、青年講師・谷一郎に巡り会う。後年、谷は翼理論、境界層理論の世界的権威となり、名著『流れ学』の執筆者としても広く知られるようになった。ちなみに、的川教授は、宇宙工学の専攻を決意した際に、最初にこれを読まれ、非常に強い印象を受けられたそうであるが、著者もまた大学の退屈な授業の合間にこれを耽読《たんどく》した。名著は時代を超えるのである。谷は、その流体力学におけるセンスを存分に発揮し、野球の科学的な分析をも楽しんでいた。苦労して手に入れた『野球の科学』(岩波写真文庫)も著者の想い出の一冊である。

卒業後は、大学附属の航空研究所に残って、航空工学の奥義《おうぎ》を究めようと目論んでいた糸川ではあるが、誠に残念ながら時代がそれを許さなかった。教室主任からの、中島飛行機への強硬な就職要請を断り切れなかったのである。

1.4　航空機の設計技師として

中島飛行機は、1917年(大正6年)、中島知久平が海軍を退官後に設立した、「飛行機研究所」がその母体である。エンジンから機体開発まで、自社で一貫生産出来る世界有数の航空機メーカーであった。戦後解体されたものの、その独立自尊の精神は、富士重工業(SUBARU)など、流れを汲《く》む多くの企業に受け継がれている。

中島飛行機から転じた富士精密工業は、プリンス自動車を生み出し、プリンスはその後日産に吸収合併された。長く名車の名をほしいままにした「スカイライン」は、プリンス時代に産声をあげた車である。

また中島は、終戦直前にはドイツからの技術情報を受け、ロケットエンジンも開発していた。その技術は富士精密、日産を経由して、石川島播磨重工傘下の「IHIエアロスペース」に受け継がれ、今日も我が国の宇宙開発を支えていることには、非常に運命的なものを感じざるを得ない。

1935年(昭和10年)、糸川が入社した時代は、複葉機から単葉機への過渡期《かとき》であった。上下二葉の翼を持った複葉機は、旋回性能に優れている一方、二葉分の抵抗を受け、速度が上がらない。一方、単葉機は速度に勝るものの、小回りが利《き》かない。どちらも一長一短といった時代であった。

糸川の上司である設計技師・小山悌は、これからは単葉機の時代、しかも上方視界の好い低翼機の時代だと考えていた。一枚の翼で二枚の性能を出す、これが入社早々の糸川に与えられた問題であった。糸川はこれに果敢に挑んだ。一枚の翼を、胴体部と先端部で設計を変え、二枚分の役割を果たすように工夫した。見事な新発想であった。

糸川はこの後、中島飛行機の設計グループの中核として、メキメキと頭角を現していった。戦闘機は、スピードとキビキビとした旋回性能の両方を要求される。ところが、これは二律背反する。どちらかを目指せば、どちらかが劣ってくるのは、致し方のないことなのである。現実は、常に妥協の産物である。

しかし、糸川らはその妥協点を出来る限り高く置いた。1941年(昭和16年)、皇紀2601年の末尾二桁を取って命名された、**一式戦闘機「隼《はやぶさ》」**がデビューした。糸川のアイデアによる「蝶型フラップ」がその運動性能を、千馬力のエンジンがその速度を保証した。隼は零戦《ぜろせん》に並ぶ名機と呼ばれた。糸川の名前は、零戦の設計者・堀越二郎と共に、広く知られるようになった。

続いて、二式単座戦闘機「鍾馗《しょうき》」が開発された。蝶型フラップは元々、この機体の為に構想されたものであった。翼の長さを短く切り詰め、速度の向上を図った。その一方で、蝶型フラップが低速時の失速を防止し、運動性能を上げていた。機関砲などの火力装備も大型化し、それでいて速度も落とさず、という「矛盾」を克服した傑作であったが、重戦闘機に慣れていないパイロットにとっては、着陸速度が速すぎて、脚が頻繁に折れ、使いこなすことが非常に難しい機体である、と評価されていたようである。

鍾馗の開発を終えた糸川は、中島飛行機を退社した。やり残したことは多々あったが、それは実際にはやれないことばかりであった。戦争になってから、ドンドンと航空機開発の速度を上げた米国に対して、戦争になったら、一気に物資が無くなってしまい、製造が止まってしまう日本とでは、余《あま》りにも違いすぎると嘆いた。

1.5　新しい時代へ

1942年(昭和17年) 3 月、糸川は千葉市弥生《やよい》町に新設なった「東京帝国大学第二工学部航空機体工学科」助教授、兼航空研究所所員として大学に戻った。それは技術者の要請を急ぐ軍の意向であった。

しかし、当時の日本は何もかもが附《つ》け焼《や》き刃《ば》であった。1945年 8 月15日、うだるような暑さの中、糸川は大学の中庭で、敗戦の玉音放送を聞いた。ポツダム条約には、日本のあらゆる航空機関連の研究、開発を禁止する条項があった。「生涯を捧げるべく決意した航空機研究」は、こうして糸川から奪われた。

占領軍に身辺を徹底的に監視された糸川は、虚無の暗闇の中で自問自答していた。それは英雄の煩悶《はんもん》にも似た、生きるべきか死すべきか、という究極のものであった。為す術もなく、ただ時の流れに身を任せていた。心身のバランスを崩し、病気がちになっていた。

戦前、我が国にもロケットの研究はあった。それは時代を反映して軍事用のものであった――中島がドイツから情報を得ていたことは先に書いた。当時の水準としては、ドイツに続く世界二位であったと伝えられているが、占領軍の徹底的な破壊工作によって、その全ては失われた。

理化学研究所の仁科芳雄博士が、心血を注いで作り上げたサイクロトロンも、原爆の研究用であるとして、米軍により東京湾に廃棄された。これは電子や陽子を加速して、その反応を調べる装置であり、直接に原爆の研究に関《かか》わるものではない。この事件は、当の米国の学会からも、全く的外れな暴挙であるとして大いに批判されたものである。

原子物理学の基礎実験ですら、この有様なのである。軍事に直接に関わっていた航空機産業が、二度と立ち上がれないように、壊滅的な打撃を与えられたことは、言うまでもないだろう。

暗闇の世界を彷徨《さまよ》っていた糸川は、ある日、通院していた東大病院の医師から、脳波診断機を作って貰《もら》えれば大いに助かるのだが、という話をされて、はたと目が覚めた。脳波と音楽、音楽とバイオリン、バイオリンと飛行機、懐かしい空気力学。これらに共通するのは「振動」である。脳波は、脳の内部の電気振動であり、空気の振動が音となる、翼周りの高速の空気の流れは、翼を振動させ、時にはそれを破壊する。

目覚めは突然やって来た。糸川は「航空工学」の講座を廃棄して、「音響工学講座担当教授」を自認することにした。諸手続はあっさりと認められ、東京大学に正式に音響工学の講座が開設されることと相成った。

一旦動き出せば、止まらないのが糸川である。昨日までの鬱《うつ》状態は何処《どこ》へやら、早速《さっそく》「ペンレコーダー式の脳波測定器」を日本で初めて開発した。麻酔の深さを測る「麻酔深度計」の設計もテーマに加わった。ストラディバリウスを目指したバイオリンの音響解析も始めた。世界に冠たる航空機関係の業績をまとめて提出しても、決して認められなかった工学博士の学位も、音響学で提出するとあっさりと授与された。こうした一連の業績が注目され、シカゴ大学から麻酔に関する講義の依頼を受けた。1952年11月、糸川は米国に渡った。

この訪米が、またまた糸川の運命を変えることとなった。

糸川にも、ロケットに対する漠然とした考えはあった。いずれ米国が本格的に乗り出すであろうことは明らかであった。しかし、それはまだ先の話だと思い込んでいた。基礎研究が主だろうと考えていた。

ところが、糸川は、米国が既に生物に及ぼす宇宙環境の影響など、打上げた後の準備を着々と研究していることを図書館の一冊の本から知ったのである。それは『Space Medicine(宇宙医学)』という名の雑誌であった。そこからは、「アメリカは人間を宇宙に送り出す」という強い意志が感じられた。糸川は強烈な衝撃を受けた。アメリカはやる気だ、と思った。

ジェットエンジンによる航空機を今さら作っても、米国には勝てない。しかし、ロケット航空機ならまだ米国にも確たるものはない。これなら後発の日本でも勝てるはずだ。空気がある限り、そこには「音速の壁」がある。それは空気と本気で格闘することであり、巨大なエネルギーの損失を生む。大気層の上にさえ出てしまえば、風も吹かず、気象も安定している。ほとんど空気が無いので、高速飛行に伴う摩擦熱も発生しない。

空気の無い上空を遥《はる》かに駆け上がるロケット機のアイデアが、糸川の脳内に溢《あふ》れた。そうだ、これなら勝てる、今ならまだ大丈夫だ、そう感じた瞬間、糸川は滞米期間を大幅に切り上げ帰国した。日本で関係各位に当たり、一刻も早くこのプランを軌道に乗せる為であった。

航空機に憧れ、それを生涯の生《い》き甲斐《がい》と感じたのは、糸川が〝気宇壮大〟を好む性格だからである。重力により地面に押さえ附けられていることに、我慢がならなかったからである。一国の中に閉じ込められて、世界を知らない、地球の大きさを論じない態度が許せなかったからである。

しかし、今やロケットがある。ロケットならば、重力に真正面から挑み、世界の狭さ、地球の小ささを憂い、広大無辺の宇宙を実感することが出来る。どちらが気宇壮大であるか、論ずるまでもない。

同年4月28日、我が国は主権を回復し、独立国家としての体裁を取り戻した。占領は終わった。本当の意味での「終戦」がやってきた。そしてそれは同時に、航空分野の研究開発を禁止していた条約の無効を意味していた。糸川の前途を遮《さえぎ》るものは、消えて無くなった。視界良好、糸川は次なる目標、真の気宇壮大を遂に捉えたのである。

1.6　組織の変遷

いよいよ、糸川英夫がロケット開発に乗り出したわけである。ここでは、歴史の流れを鳥瞰《ちょうかん》する為に、先ずは組織の改組、変遷の歴史を見て頂こう。糸川の発想、その考え方が受け継がれていく道筋を見た後に、各部の内容をお読み頂いた方が、より分かり易いと考えるからである。

戦争末期、糸川が「東京帝国大学第二工学部」助教授、兼「**航空研究所**」所員であったことは、先にも書いた。

1946年（昭和21年）3月、航空研究所は改組され「**理工学研究所**」となる。帝国大学は廃止され、新制の東京大学となった。また、第二工学部航空機体工学科は物理工学科に改組された。

1949年（昭和24年）5月、第二工学部の後継として、「**東京大学生産技術研究所**」が設立された。

1954年（昭和29年）2月、生産技術研究所に「AVSA（航空電子工学と超音速航空工学研究班）」が発足する。

1955年（昭和30年）4月、生産技術研究所、国分寺においてペンシルロケット水平発射。

1958年（昭和33年）4月、理工学研究所が廃止され、「**航空研究所**」が設置される。

1962年（昭和37年）2月、鹿児島宇宙空間観測所（現・内之浦宇宙空間観測所）が開設される。

1962年（昭和37年）3月、生産技術研究所、六本木に移転。

1964年（昭和39年）4月、航空研究所が廃止され、「**宇宙航空研究所**」が創設される。

――1967年（昭和42年）3月20日、糸川英夫教授退官――

1970年（昭和45年）2月、人工衛星「おおすみ」打上げ成功。

1981年（昭和56年）、宇宙航空研究所は廃止され、大学共同利用機関として、「**文部省宇宙科学研究所**」に転換される。

1989年（平成元年）4月、宇宙科学研究所、東京都から神奈川県相模原市に移転。

2001年（平成13年）1月、中央省庁再編に伴い、所轄が変わり「文部科学省宇宙科学研究所」となる。

2003年（平成15年）10月、航空宇宙三機関が統合し、宇宙科学研究所は、「独立行政法人・宇宙航空研究開発機構・宇宙科学研究本部」となる。

以上が、組織の一番大きな部分での変遷である。御覧のように、変遷する組織名の細部に拘っていると煩瑣《はんさ》になり、無用の混乱を惹き起こす恐れがある。本書で、〝宇宙研の伝統〟などと記す際には、糸川の所属を軸に、かつての生産技術研究所、宇宙航空研究所、文部省所轄宇宙科学研究所、同文部科学省所轄、JAXA・宇宙科学研究本部の全体を広い意味での「宇宙研」と捉えての意味である。この略称は現在、組織内でも同じ意味合いで用いられている。
なお、英語名は1981年から、「Institute of Space and Astronautical Science」であり、全く変更されていない。特にその略称「ISAS(アイサス)」は、「宇宙航空研究所(Institute of Space and Aeronautical Science)」以来のものであり、関係者には、我が国の宇宙開発の歴史を背負った、誠に代え難い響きを持ったものなのである――変更は「Aero → Astro」の部分のみ。

こうして〝歴史的な視野〟を活用して結果を先取りすれば、糸川のロケット研究とは、1953年から退官年である1967年までの僅《わず》か15年程度であることが分かる。そして、その〝奇妙な退官騒動〟から既に40年近くの歳月が経っている。在職年数の三倍近い時間が経過してもなお、「宇宙開発の父」としての糸川の鮮度は全く落ちていない。その新鮮さの秘密は、人間的な魅力もさることながら、糸川の残した「手法」が、極めて合理的であり、現在もその効力を失っていないことに起因する。
さて再び、米国から帰国直後の糸川の動向に話を戻し、その電撃的行動を順に追って行くことにしよう。

1.7　時は来たれり

1953年(昭和28年) 5 月、糸川は帰国した。それは〝希望に満ちて〟などという生易しいものではなく、〝野望に燃えて〟といった方が適切であろう。科学・技術による「祖国の再建」が掛かっていた。もはや日本に残された道はこれしかない、という覚悟の下に、不退転の決意をもって行動は開始された。全身の血をたぎらせての、説得、交渉、勧誘、広報、は小さな糸川の身体を何倍にも大きく見せた。

その構想の本質的部分は、旧友・中川良一の居る富士精密荻窪工場の一室で練られていた。先ずは、テストロケットの机上の系列作りから始まった。開発の第一着手は常に〝夢に形を与える〟ところから始まるものである。イメージは言葉に変わり、言葉は新たなイメージを喚起する。

投げ槍を意味する「ランス(Lance)」という言葉が気に入った。構想された「ランス・シリーズ」は、「タイニー・ランス(Tiny ――)」「ベビー・ランス(Baby ――)」「フライング・ランス(Flying ――)」の三種から成り立っていた。

同年10月3日、糸川は経団連主催で講演会を開いた。聴衆は、「日平産業」「東京計器」「三菱造船」「北辰」「東京航空計器」「東芝」「日本電気」「新三菱」「川崎重工」「日立」「日本ジェットエンジン」「日本無線」「富士精密」の13社、これに「保安庁」を加えての総勢40数名であった。

講演は、米国の開発状況、ロケットの基本的特性、特に固体燃料ロケットと液体燃料ロケットの違い。未来の原子力ロケット構想。誘導方式や空気力学などのより詳しい問題へと話は進み、二時間に渡って続いた。

持つべきものは友である。後年の糸川の色紙に『この世の最高の宝はよき友人である』というものがある。遠く離れていようと、長く音信不通が続こうと、節目節目で援助の手を差し延べ、損得勘定抜きで支えてくれるのは、やはり友人であろう。本当のその人の資質を知り、励ましてくれるのは、喜怒哀楽を共にした友人以外にはない。

糸川の必死の説得にも、積極的に協力を申し出る企業は無かった。戦前、中島飛行機時代からの親友・中川の富士精密一社を除いては。やはり、持つべきものは友である。

取締役の中川は、部下の技術部長・戸田康明《やすあきら》を、固体燃料ロケット担当として任命した――戸田家の祖先が藤原家であり、それは藤原鎌足にまで遡れる、という事実を知れば、古風な「名前の読み」にも合点がいくだろう。

戸田は、北海道大学の出身であり、寺田寅彦門下の中谷宇吉郎の研究室で人工雪の研究を行っていた。学位論文『空気流にさらされたる冷却露の研究』で理学博士の学位を得ている。中谷にその学識を惜しまれ、強く大学への残留を勧められたが、中島飛行機に入社して、エンジンのシリンダーの研究を行っていた。雪から航空機へ、航空機からロケットへと二度目の転身である——昔も今も、よき研究者は、自らの手法を磨き、それを大切にするだけであって、研究対象そのものに束縛されることは決してない。

初めは、見慣れぬ用語、概念に戸惑っていた戸田も、糸川の研究会に招かれ、徹底的に鍛えられて、瞬《また》く間《た》にロケット研究の第一線に躍《おど》り出していった。戸田は、仕事が増えるに従い、板橋宗雄、垣見恒男、加志村徳治郎ら10名ほどの若手技師を配下に加えていった。

戸田は、年末には基礎的な文献、教科書を読了した。それから得られた結論の一つは、固体ロケットの推進薬は、要するに火薬であるから、先ずは通産省と火薬メーカーの協力要請から始めるべし、という正攻法であった。

年明け早々、虎ノ門の火薬協会を訪れたところ、「旧海軍技術将校で、現在日本油脂におられる村田勉博士以外に人は無し」との強い推薦を受けた。早速《さっそく》戸田は、愛知県知多半島武豊の日本油脂火薬工場に村田を訪ねることにした。

ロケット開発の意義や、これからの見通しなど、短い趣旨説明が終わるや否や、村田は戸田に即答した。「賛成です。全力をあげてやりましょう」と応《こた》えたのである。そこで遣り取りされたものは、契約の合意でも、提携の条件でも、企画書の提出でもない、男の心意気だけであった。まさに「男心に男が惚れて、意気が解け合う赤城山」の歌い出しで有名な『名月赤城山』の心境であった。

こうして糸川が火を点けた導火線の炎は、戸田に、村田にと伝わった。しかし、火が点《つ》くべき〝燃料〟は、極めて小振りなものであった。当時、村田が推進薬として提供出来たものは、黒色無煙火薬の一種で、外径9.5㎜、内径2㎜、長さ123㎜、というマカロニにも似た中空円筒状のものしかなかったのである。戸田は、自身の志の大きさを、この小さな推進薬に詰めかねていた。手持ちの鞄に数十本の見本を入れて、こんな鞄にでも入るのか、と軽く溜息《ためいき》を吐きながら帰路に着いた。

気宇壮大な糸川の話に感化された戸田は、その口真似たっぷりに、村田を口説いた。戸田と村田もまた意気投合し、将来の夢を語り合った。しかし、現実に提供されたものは、長さ10㎝余りのマカロニ状の火薬のみであった。

富士精密に帰って、糸川を中心とした検討会が始まった。気落ちしたメンバーの後ろ向きの気分が会議を支配していた。頃を見計らって糸川が結論を導いた。「ロケットを本格的に飛ばすには、様々なデータが必要です。一本5000円のこの小さな燃料なら費用もかさまないし、何より数多くの実験が出来ます。大きさなんて問題じゃない。この固体燃料に合わせて小さなロケットを作りましょう。今すぐに実験を開始しましょう」と呼び掛けたのである。

1.8　逆境を楽しむ

災い転じて福と成す､糸川流では『逆転の発想』である。その最も劇的な例がここにある。常に現実を見る。その中で最も適切なものを選ぶ。合理に徹し、常識を疑う。成功の後追いをしない。前例を退け、前例の無いことに挑む。

糸川自身の言葉によれば、『要は場合に応じての具体的解決にあり、マイナス面をできるだけ少なくして、プラス面が出るように不断の注意を怠らないことが必要』なのであり、『逆境こそが人間を飛躍させる』のである。

ロケットの開発を志した瞬間から、糸川の頭の中には、欧・米に追随する気持ちは全く無かった。文献や資料を集め、メンバーを募り、積極的にそれを勉強する会を設けても、後追いをするつもりは全く無かった。

それでは何の為の文献、資料であったか。それはライバルの現状を把握し、彼等が何をやっていないか、を見抜くことにあった。成功とは過去の栄光である。自分達の未来を、過去に託すことは出来ない。何が分かっていないか、を分かっているのがプロなのである。その為の知識である。このことを弁《わきま》えない知識自慢は、素人の証明である。

どんなに小さな仕事でも、必要に迫られて自分の頭の中から引き出したものなら、誇りをもって打ち込むことが出来る。外国の研究の紹介者を気取り、逸早《いちはや》く世界の先端に位置した気になって、周りも自分も欺いて、同胞の中で地位を築いていこう、などという人間を最も軽蔑していた。

一人の人間が、身も心もそれに捧げて追求した結果は、必ず何らかの独創性を含む。その独創性こそが、これからの日本に最も必要とされるものであって、「諸外国に追い附き追い越せ」の軽薄な音頭に振り回されて、物真似踊りに興じることは、国家を破滅させる、と考えていた。

戦前の独軍のロケット研究も、当時の米国の研究も、熟知していた糸川である。その糸川が、長さ10cmの推進薬に合わせた玩具のようなロケットを、まさに一から作って、我が国の研究の嚆矢《こうし》としよう、というのである。俗な反論、軽薄な批判は予想の上であった。それを全く意にも介さず、突き進むところに糸川英夫の真骨頂がある。

提供された無煙火薬は、戦中に銃器に用いられていたもので、まさに発火時に煙が出ないところから、その名が附《つ》けられたものである。無煙火薬の成分は、「ニトロセルロース」「ニトログリセリン」「ニトログアニジン」の三種が基剤となるもので、特にニトロセルロースのみを用いたものを「シングルベース」、ニトロセルロースとニトログリセリンを混合したものを「ダブルベース」、三種を全て合わせたものを「トリプルベース」と呼び、区別されているが、村田より渡されたものは「ダブルベース」であった。

1954年(昭和29年)春、日本油脂の「ダブルベース」を使って、地上燃焼と飛翔実験を行う準備が始められた。全ては推進薬のサイズに合わせて設計された。材料はまたも〝廃物利用〟である。旧中島飛行機の材料倉庫には、ジュラルミンや鉄鋼素材がそのままに放置されていた。そこに、ジュラルミンを意味する「チ」の記号が振られた、「チ201」という直径30㎜の丸棒があった。これを元に、直径18㎜、肉厚1㎜のパイプを削り出し、ロケットの本体とした。「タイニー・ランス」の誕生は間近だった。

やや大きめの推進薬も見附かり、「ベビー・ランス」の開発も同時進行で行われた。荻窪で、川越で、地上燃焼試験が繰り返し行われた。点火された若者達の情熱は、様々な困難を、意地と工夫と体力で乗り切っていった。

★　☆　★　☆　★

当初、糸川は、戦中からロケットの液体燃料を研究していた三菱にも、その協力を期待していたが、要請は理解されなかった。その一方で、固体燃料の日本油脂が、非常に積極的に関わってきてくれた。ある意味では些細《ささい》なこの出来事が、以後の我が国の宇宙開発を決定的に方向附けた。
液体と固体、この燃料形式の違いは、ロケット設計の全てを変える、と言って決して過言ではない。
固体燃料は、充塡《じゆうてん》したままで放置出来るので保守もしやすく、打上げ日時の決定にも幅を持たせることが出来、ロケットの機構も簡潔になるが、出力の調整が全く出来ない、という決定的な問題を抱えている。一旦点火した燃料を消す方法は無く、火力の調整も出来ない。
その点、液体燃料はバルブの調整によって、出力を変えることが出来る。しかし、ロケット全体の機構は複雑になる。また、発射直前に燃料を供給しなければならず、保守は面倒であり、打上げ日時の決定も繊細な配慮を要する。
通常、こうした二種類の燃料の特性を考慮して、その長所・短所のバランスを如何に取るかという判断から選択は為される。しかし、糸川には、固体燃料以外に選択肢は無かった。偶然が支配した「この選択」に糸川は殉じた。無い物ねだりは開発を遅らせるだけである。運命を受け入れ、現実を直視した。
ロケットが大型化し、その制御が精密さを要求されるに従って、燃料も固体から液体へと推移していく。機構が簡潔で、安上がりにはなるが、極めて制御の難しい固体燃料で、大型ロケットの軌道を繊細にコントロールすることなど全く不可能である、と〝世界の常識派〟は見ていた。小型で、到達高度の低いものならいざ知らず、遠く惑星間軌道に衛星を投入することなど、誰も考えもしなかった。
糸川は〝この常識〟にも挑戦することとなった。世界の主流が液体なら、我々は固体で、というわけである。一旦火が入れば燃え尽きるまで、未だ誰もその消火方法を知らない固体燃料で、全てをやって見せましょう、との決意を固めたのである。

ペンシルに始まる「固体燃料ロケット」の開発は糸川の運命であり、我が国の宇宙開発の象徴であり、現在の宇宙研にまで引き継がれた誇り高きものである。それは、固体燃料の長所を出来る限り伸ばし、その短所を一つずつ克服していった闘いの歴史である。「世界最高性能の固体燃料ロケット」の称号は、常に日本が独占してきたのである。

固体か液体か、という論争は目的達成の立場から見れば、全く意味の無いものである。何であろうと、ロケットが正しく飛翔すればそれでいいのであるから。しかし、頼みもしないのに向こうからやって来てくれた折角の試練である。それを真正面から受けて克服する時、技術の分野に大きな進歩がもたらされる。科学も技術も、安住の地には、その華を咲かせない。安易な妥協をすれば、営々と築き上げてきた技術を継承出来なくなるだけではなく、肝心要の探求心すら失ってしまうだろう。

1.9　歴史の暗合

時を同じくして、糸川は大学の組織を最大活用する方法を案じていた。1954年(昭和29年) 2 月、生産技術研究所に「**アブサ**(**AVSA：**AVionics and Supersonic Aerodynamics)**研究班**」を作った。これは「航空電子工学と超音速航空工学」の研究を主目的とするグループであり、ロケットに必要な幅の広い分野の専門家を集める為に企画された。「超音速・超高層を飛ぶ飛翔体の研究」「東京・サンフランシスコ間、三時間」という極めて魅力的な糸川の「ロケット機」構想に、研究所の若手達が集まってきた。

アブサ研究班は、以下の五計画の並列進行を目指した。

A計画：超音速の空気力学の実験を行う為の設備
B計画：ロケットエンジンの研究
C計画：遠隔測定および遠隔操縦技術の研究
D計画：小型飛翔体による飛翔実験
E計画：超高空用飛翔体の実験

これら全てを1957年度中に仕上げる予定を立てた。

この裏では、もう一つの大プロジェクトが動いていた。当初、太平洋をひとっ飛び、という糸川のロケット旅客機の構想とは、余り接点を持ちそうにもない話にも思えた。しかし、歴史は奇妙なところに焦点を結ぶものである。

1953年6月にはベルギーのブリュッセルで、同年8月にはカナダのトロントで、翌1954年春にはイタリアのローマで、ある会議が開催されていた。それは、世界大戦の痛手から立ち上がり、「地球を知る」という大きな目標を掲げて、国際的な科学者の連繋を目指したものであった。世界中の科学者の参加を求め、共同観測によって高層気象や全地球面に関わる物理現象を解明し、地球の全体像を明らかにしよう、という目的を持っていた。その具体的な方針として、「**国際地球観測年**(**IGY**：International Geophysical Year)」なるものが制定された。期間は、1957年7月より1958年末まで。この期間は、太陽活動が最盛期に近く、超高層域の異常現象の発生が見込まれていたのである。

このローマでの会議に、京都大学の前田憲一と共に出席していた東京大学の永田武は、「観測ロケットによる大気層上層の観測」を、ユーラシア大陸の東端に位置する我が国の地理的な問題に鑑みて、是が非でも自分達の手でやり遂げ、国際的な研究活動に貢献するべきであると考えた。

永田は南極観測隊を組織したことでも知られている熱血漢である。戦争終結後、国際的な舞台での祖国の地位復権を願い、様々な観測計画に参画しようと企てるが、その多くを当時まだ色濃く残っていた、日本へのアレルギー反応により阻止され、忸怩《じくじ》たる思いでいた。文化国家への再生を誓った国柄を知って貰うには、積極的に打って出て、科学・技術面における日本の底力を示していくしか他に方法はない、と考えていた。

観測種目としては、「高層気象」「地磁気」「極光および夜光」「太陽面現象」「電離層」「宇宙線」が挙げられていた。しかし、当時、人類は未だ一機の人工衛星も持ってはいなかった。IGY の本部は、ロケットによる観測を新時代の到来と捉え、積極的に推進すべしと考えてはいたが、実際に打上げ可能なロケットを所有していたのは、米・仏の二国だけであった。IGY 特別委員会副会長であり、地球電離層研究の開拓者として広く知られていたロイド・バークナー(Loyd Berkner)は、我々は小型ロケットを提供するので、日本も観測機器の開発をもって、貢献する道を探ってはどうか、と以前からの知り合いであった永田に申し出た。

この提案に大いに魅せられた永田ではあったが、個人の判断のレベルを越えていた為、学術会議会長であった茅誠司に手紙を書き、その趣旨を伝えた。結論を迫る永田に対して、茅会長は緊急会議を招集することで応えた。どうやら、他国のロケットを借りて、事を為そうなどという横着な発想は、会長の頭の中には最初から無かったようである。我が国の理工学の総力を結集して、自前のロケット、自前の観測装置で目的を達成しよう、という方向に議論を導き、それで会議は決着した。

実は、永田と糸川は旧知の間柄であった。永田は旧制中学の二年後輩であり、糸川の指揮するハーモニカバンドに所属していたのである。分野は異なるものの、既に学会の指導的立場にあった二人ではあるが、糸川のロケット研究を、永田は一切知らなかった。不思議な縁が、再び二人を結び附けていった。

斯《か》くして、国連の総会で支持されていた「国際地球観測年」と、「糸川ロケット」が、歴史の裏側で、目には見えない関わりを深めて行く。国の威信に賭けて、1958年末までに、高度100kmに到達出来る観測用ロケットが必要になったのである。しかし、この段階で、アブサ研究班には、若干の実験データと、堅実な机上のプランと、そして壮大な夢と希望しか持ち合わせが無かったのである。

1955年、毎日新聞に『科学は作る』という連載があった。その正月版として、１月３日附で『科学者の夢』と題する記事が掲載された。そこには、『ロケット旅客機』『太平洋を20分で横断』『国産機・十五年後の夢ならぬ夢』『八万メートルの超高空をゆく』との見出しが躍り、まさに糸川の構想がそのままに書かれていた。

この〝初夢記事〟を、文部省大学学術局学術課長の岡野澄が見ていた。岡野は、IGY の政府側窓口として、計画の実行に当たっていたのである。早速、岡野は糸川と会い、高度100kmに届く観測ロケットの可能性を訊ねた。糸川が躊躇《ためら》うはずもなかった。一言「飛ばしましょう」と答えた。その瞬間から、アブサ研究班は「ロケット旅客機」の模索を横に置き、IGY の日本参加を支える観測ロケットの開発に邁進することとなった。「科学観測の為のロケット」という、現在にまで至る宇宙研のスタイルがこの瞬間に定まった訳である。

「富士精密」により行われていた開発、「生産技術研究所アブサグループ」の研究、そして、「国際地球観測年」が規定するその性能とタイムリミット、これらが次第に一つのものに束ねられていった。「タイニー・ランス」は、その小さな姿から、何時しか「ペンシルロケット」と呼ばれるようになっていた。斯《か》くして、我が国のロケット開発の以後の流れを、ペンシルが決する、ということになった。外部からの期限も設けられた。

そして舞台は国分寺、新中央工業の工場跡地へと転ずる。1955年4月12日、関係官庁、報道関係者を集めて、遂に我が国初のロケット発射が行われようとしていた。

1.10 ペンシルの飛翔

午前9時から始まった準備作業は、幾つかの小さなトラブルに見舞われ、予定時刻を大きく過ぎていた。時計は午後2時を回っていた。「日本初のコントロールセンター」に陣取った糸川は、少しも慌てなかった。官庁から人が来ているから、報道陣が見ているからといって、必要なことを省いて、急ぐような柔な神経ではなかった。

小さな裸電球が全て灯り、最終確認を表す大型電球にも火が入った。準備完了である。

午後3時1分、総指揮・糸川英夫のカウントダウンが始まった。スタッフの眼差しが一点に集中した。「3、2、1、0」。大きなナイフスイッチが、一気に引き下ろされた。

発射！　長さ2mの発射台を瞬時に駆け抜けた「ペンシルロケット」は、前方に設置された電気標的を次々と貫通して、砂場に突き刺さって果てた。高速度カメラもその瞬間を確かに捉えた。

我が国初のロケット実験。世界最小にして世界一安価なロケット。世界初の水平発射ロケット。そして、兵器を母体としない世界唯一のロケットが、この瞬間に誕生したのである。斯くして4月12日は、世界の宇宙開発にとって記憶すべき日となった。６年後の1961年、ユーリ・ガガーリン飛行士を乗せたソ連の「ボストーク1号」が人類初の宇宙飛行を行った。さらに20年後の1981年、米国のシャトル初号機「コロンビア」が初飛行を行ったのである。

さて実験は、翌13日、14日、18日、19日、23日と続けられ、29機全てが成功した。一回の不発も無かった。これに先立つ予備実験として、様々に条件を変えて、地上燃焼テストを百数十回も繰り返してきた結果である。

推進薬13gに対して推力は30kg程度、燃焼時間は約0.1秒。速度は、発射後5mのところで最大に達し、その値は、秒速110〜140m程度であった。

糸川は、この実験の意味について、『小さいながらロケットのもつ基本要素をもち、一通りの飛翔性能をもっているために、計画、試作、生産、飛翔実験の全分野にわたって、ロケット工学にどんな問題点があるかを学ぶことができるであろう。例えば屋外の飛翔実験に何名の人員と、いくばくの費用がかかるかを、私共は実際に知ることができたのであって、これがペンシルのねらいであった』と語った。

総員35名の「ペンシルチーム」は時と共に大きく発展し、現在の「はやぶさチーム」では、数百名にまで膨らんでいる。しかし、その本質的意味は、当時の糸川の構想のままに、少しも変わっていないのである。

★　☆　★　☆　★

ロケットを開発するに当たって、調べるべきことは山のようにある。全てが未知の経験なのである。それだけに楽しく、それだけに恐ろしくもある。

ペンシルロケットは推進薬が、その外形を決めていた。推進薬の性能試験は別途行われていた。その熱によって、機体が溶けないことも確かめられていた。強力な推力が発生し、機体を押し出していく。推力の軸と、機体の重心が少しでもズレていると、ロケットは発射直後から逆立ちしてしまう。重心の位置、尾翼の形状、その面積、ロケットを支える発射台の構造、その全ては実験を繰り返して、データを集めなければ、机上の議論だけでは決定出来ないものばかりである。

ペンシルの先端部は、取り外し可能である。「スチール」「真鍮《しんちゅう》」「ジュラルミン」の三種類の「ノーズ・コーン」を作って、先端部に取り附け、重心位置の微調整が行えるように工夫した。尾翼の取り附け角度も、三種類が選べる。

しかし、ペンシルロケットを決定的に特徴附けたのは、それを垂直にではなく、水平に打ったことにある。ロケットは打ち〝上げる〟ものである、との固定観念を打破し、真横に打った、これには今なお驚きの声が挙がっている。

もし、仮に糸川が「日本のロケット開発の父」ではなく、「人類最初のロケットの開発者」であったなら、恐らくは、天まで届けとばかりに垂直に打上げたであろう。そして、「ロケットは垂直に打上げるもの」という固定観念の創始者になったに違いない。しかし、歴史は糸川をそうした立場に置かなかった。糸川の目的は、ロケットというものの概念が確立した遙か後に、なお自分達の力だけで、それを追い求め、限られた時間と、限られた材料と、限られた予算の中で、確実にその技術をものにして、さらには世界の最先端に躍り出よう、というところにあった。従って、一回目から、より確実に、より安価に、繰り返し実験が可能な形で成功させねばならなかったのである。

真上に打上げてしまったのでは、超高速で上昇する飛翔体を追跡する機器が無い。そうした観測機器の設計、製作を待っている時間が無い。また、ロケットの回収にも手間が掛かる。基本的には不安定である機体の力学的な特徴を洗い出して、検討することが目的であるから、行き先をある程度まで限定した形で射出しなければ、周囲に非常な危険が及ぶ。要するに、本邦初演、チームの初陣ではあっても、「点火、飛翔、バンザイ」という低レベルの実験に留まることは許されなかったのである。

1.11 逆転の発想

そこで、糸川はより計測のしやすい水平打ちを選んだ。

重力の方向が90度違うが、それは飛翔時間が非常に短いので、ほとんど問題にならない。

速度、加速度は、吸取紙に細い銅線を張り付けたものを多数用意して、それをロケットが切り裂いていく時刻を電気的に記録していけば、直ちに計測出来る。紙の破れ方を後で調べれば、ロケットの飛翔径路、軸方向の回転の具合も分かるに違いない。そして、経費も掛からない。まさに良いことずくめである。「家貧しゅうして孝子出づ」と云う。あらゆる悪条件を、嘲笑《あざわら》うかのように、糸川は次から次へと新しいアイデアを出して、それを乗り越えていった。糸川の手に掛かれば、短所は、むしろ長所であった。

後年、糸川は『**逆転の発想**』という大ベストセラーを世に送った。しかし、歴史的な眼を持って眺めている我々にとっては、何処が「逆転」なのか分からないほど、自然な考え方に見える。糸川の指摘は、その瞬間は奇異に見えても、後々から考えれば、非常に自然で合理的なものである。だからこその「逆転」なのであろう。何年経っても、人がどれほど変わっても、逆転が逆転のままだとしたら、それはやはり良いアイデアとは云えないだろう。逆転が時を経て、正転に変わる、それこそが本当の逆転である。そこに本物だけが持つ普遍性が表れて来るのであろう。

その後、新たな実験施設として、千葉の第二工学部跡地の船舶工学科「50m水槽」が選ばれた。6月2日には改造も終わり、ペンシルの千葉での実験が開始された。発射台の長さを0にしたり、無尾翼のペンシルを打ったりした。

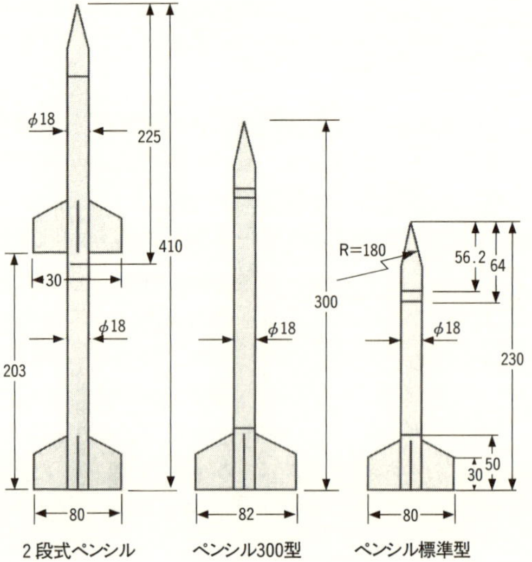

三種類のペンシル

しかし、何時までもロケットを水平に打っているわけにはいかない。ところが、上に打上げて追跡する為のレーダーの開発は、未だ為されていなかった。光学カメラに頼るしかなかったのである。そこでロケットの噴煙を追跡する方法が提案された——無煙火薬の特徴が仇《あだ》を為したわけである。発煙用に「四塩化チタン」を新たに詰めた、長めのペンシル、全長300mmの「ペンシル300」が作られた。

次期「ベビーロケット」への橋渡しの為に、「二段式ペンシル」も登場した。ペンシルロケットはドンドンと発展していった。しかし、それに見合うだけの打上げ場所が無かった。飛距離が伸びれば、それだけ危険地域も拡がる。
我が国は、〝四方を海に囲まれた海洋国〟とはいっても、当時、その海岸のほとんどは、なお米国の占有状態にあった。海へ向けて打とう、と思ってもその場所すら見附からない有様であった。何とか秋田県の道川《みちかわ》に、その場所を求めることが出来た。８月４日には、移転が完了した。ここで初めて、ロケットの打ち〝上げ〟が行われるのである。
８月６日午後３時32分、遂に「ペンシル300」が斜め上方に向け発射された。四塩化チタンの白煙も美しく、ロケットは上昇した。到達高度600m、水平距離700m、時間16.8秒の飛翔であった。８月８日、さらに四機の「ペンシル300」が上がった。そして、この日をもって、輝かしいペンシルの時代は終わった。いよいよ開発は第二段階に入っていった。

★　☆　★　☆　★

2006年４月１日、国分寺のペンシル発射地点に、記念碑が建立された。その場所は、今は早稲田実業学校の用地になっている。同校の卒業生である王貞治選手が、国民栄誉賞に輝いた時に作られた記念碑がちょうど隣にある。方や箱形、方や球形の対比が面白い。共に「遠くへ飛ばすこと」で顕彰されているところが、両者の共通点であろうか。
余談ではあるが、８月22日、甲子園夏の大会で、〝二日連続の決勝戦〟を闘い、初の全国制覇を成し遂げた早稲田実業高校の選手達を、国分寺市民は熱狂的に出迎えた。ごった返す学校前の様子がテレビ中継されていたが、あの群衆に埋もれた正面左側に、二つの記念碑があったのである。

国分寺（現・早稲田実業学校前）の記念碑

1955年(昭和30年) 4 月12日この地において東京大学生産技術研究所の糸川英夫教授を中心とした若い研究者によって日本の宇宙活動の嚆矢を告げるペンシルロケットの水平発射が行われた。その50周年を記念してここに記念碑を建立する。

この碑の地下には2005年に子供たちが夢見た「50年後の宇宙ロケット」のデザインや当時の人々から「50年後の人々へのメッセージ」がタイムカプセルに収められ、埋められている。

ペンシルロケットの発射からの100周年にあたる2055年 4 月吉日に宇宙航空開発機構、早稲田実業学校、国分寺の有志、立会いのもとでこのタイムカプセルを掘り起こして来し方の100年を偲び、さらにつづく50年へ決意を新たにすることを、ここに提言する。

2006年 4 月 1 日　　「日本の宇宙開発発祥の地」顕彰会

第2章

遺産から財産へ

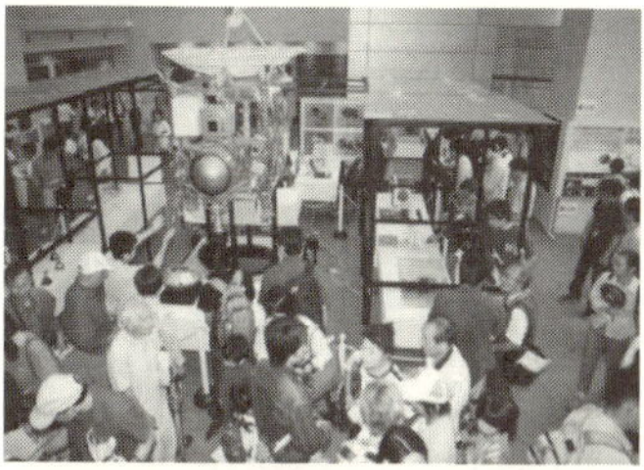

年に一度の宇宙研一般公開日の様子

2.1 小は大を兼ねる

ペンシルの実験は、マスコミには好奇の目で見られていた。打ち揚げ花火にも充たない規模で、仰々しく裸電球を並べ、コントロールセンターだの、カウントダウンだのと大袈裟《おおげさ》にもほどがある、というのが彼等の感想であった。

これは先にも書いたように、糸川が、計画の意義を広く世の中に知って貰《もら》う為に、マスコミを受け入れて行った一つの工夫であったが、その本質は、「アッと言う間に、これが大袈裟ではないほどの規模に、我が国のロケット開発は拡充していくのだから、それに備えて大局的な準備を今からしておきたい」というところにあった。

事実、その後のロケットの大型化に際して、無用となった実験も観測も一切ない。そのサイズに合わせて、ペンシルだから行える実験、ペンシルだから意味がある観測、などという場当たり的なものは、唯の一つも行っていない。全ては、先の時代を見越して行われたものなのである。

糸川本人は、こうした経緯を『ロケット研究発祥の頃』と題した文章の中で、以下のように述懐している。

「批判」をうけたのは東京の郊外で行った「発射実験」が大げさだったということだった。

例の「5、4、3、2、1、0」というカウントダウンから危険防止のシステムが大げさだったということで、今だに忘れられない。「批判」するより「批判」される仕事をする人間の側に立ちたいというのが持ち前だったからこれは何としても仕方がない。

ロケットそのものは、ペンシルロケットよりもっと小さいものでも可能だったかも知れない。ペンシルでなくて「針ロケット」でもよかったかも知れない。

しかし当時の手に入るテクノロジーがもつ「経済性」を考えると、費用対効果を考えて、「ペンシルロケット」のサイズが、optimum だったろう。

だからシステムとして、直径1.4mのミューロケットとテクノロジーの原則は、共通したところが多い。ただまわりにいる人間、発射係り、ランチャー係り、計測係り、通信係りを担当する人間が、小さくなれなかったから、外見からみると、「大げさ」にならざるを得なかったのである。
ペンシル並みのミニチュアー人間を揃えれば「何をたかだか鉛筆位のロケットに大げさな」という批判は出なかったろう。
その大げさが、この研究の最後までついてまわった。つまり敗戦からまだ10年しかたっていなかった日本国の中で「マスコミうけ」をネラった「ショー」ととられたらしい。
といって、若し秘密裡にやったらどうだったろう。
敗戦後の「反戦思想」が極端だった当時の世相からして、極めて「インケン」な軍事思想の復活としてもっとひどくやっつけられたであろう。

ここで「ミニチュアー人間」云々という件《くだり》は、誠に糸川の人柄を彷彿とさせる独特のもので、極めて面白い。また、最後まで、〝大袈裟〟が障碍《しょうがい》になったことを正直に告白すると共に、「一般にも分かり易く」という善意から出た工夫も、「マスコミうけ」の「ショー」としか取られなかったことを、本気で残念に感じていたことも分かる。
これは今もなお、絶えることなく続いている、科学広報の基本的な問題である。情報を公開することの利益・不利益を天秤に掛け、敢《あ》えて積極的に公開していった糸川の方針は、非常に大きな現代的意義を持っている。この意味でも、糸川・ペンシルは大いなる先駆者だったわけである。

さて、その〝大袈裟〟は実際には、どれほどの成果を得たのだろうか。歴史的な判定は既に下っている。糸川の当初の目論見通り、ロケットは順次大型化され、開発の基礎データとして、必ず前の段階での実験が役立っている。現在使われている宇宙研の「M-V ロケット」も、ペンシルの正統な後継者として位置附けられるものである。合計29機(予備実験を含めると35機)のペンシルロケットの実験は、単にそれ単独で成功したというに留まらず、我が国のロケット開発史の中でも、しっかりとした彫りの深い「目印」として輝いているのである。さらに糸川は、ペンシルの実験、その内容に関して、次のように述べている。

国分寺テストは機体の飛翔状況も、エンジンの作動も非常に安定であって、問題になる不安定現象が少なすぎる感がある。最初の実験としてはもう少し不安定現象が生じた方が今後の進歩に寄与すると、慾を出せば考えられるくらいである。

要するに、もう少し〝失敗〟した方が好《よ》かったかもしれない、不安定現象も見たかった、と云っているわけである。

これは失敗時の為に予防線を張っているわけでもなければ、偽悪家の戯言《ざれごと》でもない。理工学実験に携《たずさ》わっているものは、常にこうした心境で実験を行っているのである——非常に正直な感想を述べて、それを曲解されると、中々次の言葉が出てこなくなってしまう。ここでいう「失敗」と、我が国の報道などでしばしば見られる、「○○実験失敗」という表現とでは、その奥に秘められた意味が全く異なる。

★ ☆ ★ ☆ ★

それでは、「失敗」とは何か、それは実験という行為の中で、どのような位置附けにあるのだろうか。

理工学実験における「失敗」とは、時として「成功」を意味し、また、成功は失敗を意味する。『失敗は成功よりも尊い』とまで云われる。これは単なる言葉遊びなのだろうか、一体何を意味するのであろうか。

自然科学とは、我々の周りの世界を、或いはより広く宇宙全体を、理解することがその目的である。従って、論理により定義・定理を連ねて結論を導く数学とは、その意味合いが異なる。

自然科学の正否を最終的に決定するのは、常に「実験」である。如何《いか》に論理的に正しく美しい理論であっても、現実を確かに描写していなければ、それは誤りである。また、量子力学のように、我々人間には未だ理解出来ない摩訶不思議な論理構造を持っていても、実験が与える数値をきちんと再現出来るなら、それは(暫定的《ざんていてき》ではあるが)正しい理論である。

工学は、我々に自然との附合い方を教え、現実の世界に、新たな機能を加えていくものであるから、今の議論と同様に、如何に美しい理論に支えられていても、実際に架けた橋が落ちてしまうようなら、それは全く無意味である。

要するに科学・技術は、常に実験を行い、大自然にその答を問い掛ける形で進んでいくのである。その意味で、理工学に志した者は、一切の権威を信じない。誰の論文に書いてあろうと、何処《どこ》の書類に示されていようと、究極的には過去の実験すら疑って掛かるのである。信じられるのは、目の前で起こったこと、自分が筋道を立てて、機材を準備し、精密に計画を立て、慎重の上にも慎重を期して行った実験結果だけを尊重する。

そして、それでもなお、自分の出した結果にさえも疑いの眼差しを向けて、繰り返し熟考する。大自然を教師とすることで、人間は自らの愚かさを知り、時に愚かさから免れるのである。科学・技術を学ぶということは、敬虔《けいけん》な気持ちで自然に接し、自らを無にして、天地の声に耳を傾けることに他ならない。

2.2　失敗の値打ち

さて、ロケットのような総合的で大規模な工学機器を実際に作って、運用しようと思えば、そこで用いられる全ての部品に対して、徹底的に実験する必要がある。それは機械的な強度を確かめる実験であったり、電気的な性質を見極める実験であったり、人間の使いやすさを求めた実験であったりする。

そうして、それぞれの部品が完全に調整されたとしても、全体が上手く調和して、望まれた機能を発揮するとは限らない。全体は全体でまた、総合的な実験をしてみなければ、安易な予想、こうあって欲しいという願望だけで結果を追い掛けているようでは、結局、最後に破綻《はたん》してしまう。全ての部分が完全に機能し、なおかつ全体が矛盾無く所定の動作をすることが必要である。それ故に、繰り返し実験をして、一歩また一歩と、その歩みを粘り強く進めていかねばならない。

ここまで諒解《りょうかい》して頂いて初めて、企画した実験が「失敗」するとは、果たしてどういうことであるのか、という設問が意味を持ってくる。何百何千の細かい実験が折り重なって、一つの大きな実験が成り立っているのである。従って、「失敗」という言葉を用いる際に、どの部分の、どの実験を指して表現しているのか、という点が問題になる。

もし、ある部分の実験の「失敗」が、他のより大きな部分の問題点を、予想もしない形で指摘してくれたとしたら、その実験は「成功」なのである。逆に、全体としての実験が、予想外のものに終わったとしても、それが各部分の問題を洗い出してくれるようなものであれば、やはりこの実験も単なる「失敗」という言葉では片附けられない貴重なものとなる。

★　☆　★　☆　★

少々趣《おもむき》を変えて、このことをさらに説明しよう。

負数を含む二数の掛け算は、以下の計算に要約される。

$$(+1)\times(+1)=(+1),\quad (-1)\times(-1)=(+1),$$
$$(-1)\times(+1)=(-1),\quad (+1)\times(-1)=(-1).$$

さてここで、正数(＋1)を「成功」、負数(－1)を「失敗」として、掛け算の意味を適当に読み替えれば、面白いことが見えてくる。それは、二つの要素が共に「成功(＋1)」であることから得られた「成功(＋1)」もあれば、「失敗(－1)」同士が掛け合わされて得られた「成功(＋1)」もある、ということである。

米の量を間違え、さらに加える水の量も間違えた為、結果は何時も通りに、「上手く御飯が炊けた」というような話や、同種の体験は誰しもあるのではないだろうか。そして、本人が米の量を間違えたことも、水の量を間違えたことも分かっていなければ、「何処にも間違いはなかった、だからこそ正しく炊けたのだ」と思い込むだろう。

ところが、どちらか一方だけが負数の場合には、結果も負数になる。「失敗」同士が打ち消し合うことがないので、それはそのまま露《あら》わになる。明らかに何処かに誤りがあったのだ、と教えてくれるわけである。

実験とは、こうした意味で、徹底的に「負数」を洗い出し、その結果が「正数」となるものでなければならない。間違いの相乗効果で、偶然上手くいった、というものであってはならない。こうした偶然は必ず、一番大切なところで、〝不幸な必然〟を呼んでくる。内部に小さな「失敗」

を複数抱えない、「本物の成功」を目指す為には、初期段階で徹底的に失敗をした方がよい。まさに『失敗は成功よりも尊い』のである。

以上から、実験において、何が失敗で何が成功であるかは、外部からは見え難いものであることが、お分かり頂けたであろう。ロケットが逆様に落ちても、非常に重要なデータが獲れ、それ以降の計画において、見過ごされそうであった部分が徹底的に改善されたなら、その墜落は極めて意義深く、「成功」とさえ呼びたいものになってくる。

逆に、色々な欠陥が、偶然お互いに消し合って得られた「成功」なら、その〝裏事情〟が見えた瞬間に、一切の喜びは消えてしまうだろう。その「成功」の故に、かえって次の計画がより重大なピンチに追い込まれるようであれば、それはほとんど意味のない、むしろ悲しむべき「成功」であったと云えるだろう。

本当の「失敗」とは、同じことを二度繰り返したものにしかない。よくその理由を確かめもせず、諸条件の再吟味も怠り、全く同じことを繰り返してしまった時、それは他者に批判されても致し方のない、本当の失敗を犯してしまったことになる。

こうした意味で、糸川はペンシルの実験を振り返っていたのである。もう少し不安定要素が露出した方が、後の実験にもっと自信が持てたのになあ、ということである。

糸川は、実験の「成功・失敗」に一喜一憂しなかった——それは理工学者にとって、最も重要な資質である。両者を合わせて分け隔て無く、「成果」と呼んでいた。より大きな結論を先取りして、それに向けて正しく舵取りをしていた。海外の諸結果に盲従せず、独自路線を貫いた。どんな小さなことでも、自分達の手で再現してみようと試みた。アメリカがやっていようと、ドイツが結果を知っていようと、自分達の力でその壁を突破しようとしたのである。

他人の模倣は、最初は手早く、結果も予測出来るので、外部の批判をかわすにはもってこいのやり方である。しかし、それは直ぐに行き詰まる。相手もやがて、そう簡単に真似されてなるものか、と結果を見せなくなる。さらに進めば、真似するものすら無くなってしまう。先頭グループに並んでしまえば、自分を真似る、という最も滑稽《こっけい》なことしか、他にやることが無くなってしまうのである。

そこまで進んだ時に、模倣者は途方に暮れる。彼には、致命的な失敗の経験が無いからである。生きるか死ぬか、という瀬戸際での失敗を経験した者にしか、本当の実力は附かない、本物の独創性というものは生まれてこない。

そうしたリスクを事前に避ける為に、糸川は独自路線を選び、その精神は今も宇宙研の中に脈々と受け継がれている。組織の中に、「俺達は実際に試したことだけで話をする」という気迫溢れる精神が息づいているのである。これほど大きな財産はない。最も遠回りの道を教えてくれた先駆者に、我々は幾ら感謝しても感謝しきれないのである。

2.3 二元論を越えて

しかし、我が国では理工学実験を、未だに「成功か失敗か」という形で二元論的に語る人が多いようである。一番大きな成功を見ずに、一番些細《ささい》な失敗を採り上げて、それで全体を規定しようとしている。

科学にとって最も大切なことは、人類の知見を拡げたか否か、という点にある。技術にとって最も大切なことは、人類の福祉に貢献したか否か、という点にある。そして、それは、ある一定の期間が経ってみないと結論が出ないものである。現状は、あたかも生まれたての赤ん坊に、その人生の成功・不成功を問い詰めるようなものである。成功に酔いしれることは容易《たやす》いが、成功を過去の出来事と見ることは難しい。失敗を克服することは難しいが、失敗を糾弾することは容易い、のである。

巨大科学、特にロケットを用いた研究は、その結果が良くも悪くも華々しいだけに、槍玉に挙がりやすい。それはどうも「ペンシルの時代」から始まっているように思える。何時までも「勝てば官軍、負ければ賊軍」の単純な結果論では、本質的な問題は何も解決しないだろう。

こうした事の意味合いを、広く一般国民が知った上で、二元論とは異なる地平から、評価する智恵を身に附けて貰わないと、「科学・技術立国」など、本当に御題目だけで終わってしまう。「成功か失敗か」というのと同じ調子で、子供達に「合格か不合格か」という安手の二元論を押し附ければ、人間として一番大切なものを失ってしまう。「善悪の彼岸」「成功・失敗の彼方」にこそ、人間らしい営みがあるのではないか。世の中は複雑で分かり難いからこそ、生きる意味があるのではないか。生まれ落ちたその瞬間に、既に勝者と敗者が確定しているかの如くに論じる単純さから、一刻も早く脱却したいものである。

我が国の文化、国民性を語る時、「白黒をハッキリさせない」「論理的でない」「情に流され易い」等々という定番の言葉が並ぶ。これは諸外国から届く、外からの評価に限らず、国内においても定着しているようである。確かにある一面において正しい議論であろう。しかし、我が国から西洋を見た場合、逆のことも云えるのではないか。「白黒を附け過ぎるので、揉《も》め事が絶えない」「論理に走り、味わいに欠ける」「情が冷徹に遠慮している」「自然と人間の交わりが単純である」等々である。

本来、二元論的でない国民性を持つ我が国が、突如として二元論的に物事を語ろうとするから、バランスを崩して、何かおかしな方向へ行ってしまうのではないか。白黒を附け易い、二つに一つが選び易いものを見附けた瞬間に、その劣等感が爆発して、非常に強くそれを主張してしまうのではないか。

こうした西洋流の二元論の呪縛から抜け出す方法は存在する。それは「成功か失敗か」ではなく、「成功も失敗も」と考えることである。「論理か情緒か」の決断ではなく、「論理も情緒も」共に活用する包容力である。これは本来我々日本人が、最も得意とする考え方であった。もっと積極的に世界に輸出して良い、ものの見方である。それが無用の劣等感から、押し殺されてきた。諸外国の文化を採り入れるに際して、劣等感をバネにする、という手法から、そろそろ脱してもいいのではないか。

相反する二要素を組合せ、それを融合、昇華させる時、単純な二元論からは導き出せない、高次の世界観が現れる。一を二に分けるのではなく、二を基礎に論じる。即ち、「基礎単位を二とする」考え方が必要とされるのである。

糸川は、ペンシルロケットの時代から、このことを考えていた。それは後年、『創造性組織工学』と自ら名附けた思想に結実した。それは、思想面での糸川の遺産である。宇宙研は、その宝物を引き継ぎ、発展させて自らの財産とした。それは「ペアシステム」と呼ばれる「二を単位とした」独特の考え方が基になっている。

2.4 ペア・システム

研究とは、幾多の失敗と、僅《わず》かな成功の間で右往左往した結果である。それは大学が行う基礎研究であっても、企業が行う応用研究であっても同じである。ただ、「成功」「失敗」の意味合いが多少異なってくる、また、その比率は大いに違っている。

基礎研究は、万に一つの確率でも、確かにそれが起こったことを証明すれば、それでいい。応用研究の場合はそうはいかない。ましてや商品化ということにもなれば、万に一つの不具合でも、補償の対象になってしまう。

大学の研究者は、「失敗」に慣れている。それを楽しみ、勇気附けられもする。彼等が一番燃えているのは、予想外の結果が出て、傍目《はため》にはそれが失敗したかのように見える時である。徹底的にそれを洗い出し、次こそ上手くやってみせる、と意気込むのである。そして、失敗を全て排除して、事が上手く運び出すと、一気に興味を無くしてしまう。完成は、即ちそれが新しいテーマでないことを意味するからである。他人が出来ることを自分がする必要は無い、と感じるからである。

一方、企業の研究者は、「成功」を積み重ねる。一分の隙もないように、検討を重ね、実験を繰り返し、全てを安定化させようと努力する。「失敗」を恐れない点では、基礎も応用も変わりがないが、「手法」への拘りは、基礎研究に従事している者ほどではない。最終目的が新奇性ではなく、実用性にあるからである。自分が使えても、他人が使えないことを心配する。それは何処かに欠陥があるからだ、と感じるからである。

このように、大学と企業、基礎と応用、理学と工学、科学者と技術者、これら二つの対比には、それなりの意味がある。同じ部分も多いが、お互い相容れないほどの違いも多く、それは研究者のあらゆる面に見出されるのである。

大学においても、理学部と工学部は全く別の組織であり、お互いが交わるチャンスは極めて少ない。そして、意外と会話が成り立たないのである。

工学系の研究者にとっては、研究室は人生そのものであり、食事も睡眠も休息も娯楽も、全ては研究室の中で採る、という猛者も居るほどである。一方、理学系の研究者にとっては、研究室も大学も、自らの楽園ではない。自宅で寝転がって、或いは近くの公園を散歩して、思索に耽《ふけ》ることが、即ち大学人としての忠誠である、と認識している者も居るほどである。

大自然の壮大な振る舞いに驚き、それに突き動かされて研究を始めるところまでは同じであるが、それを理論的に解明し、本質を捕まえようとする者と、現象を具体的に捉え、この地上で再現してやろうと考える者では、その後のアプローチが全く異なってくるのである。

しかし、近代の科学・技術は、こうした類別の中に安住していては、到底新しいテーマに挑めないようになってきた。科学の中にも技術があり、技術の中にも科学がある。「理論か実験か」という二者択一で専門を選ぼうにも、その両方が出来なければ一流の研究は出来なくなってきた。

一人の人間が全てを扱うことは出来ない、という発想から、「専門」という区分けが始まった。ところが、それが余りにも細分化された為、お互いの間で交わす「共通の言葉」すら見出せなくなってきたのである。まさに「バベルの塔」の状態である。数学を軸に物事を整理し、その用語をもって語ろうとしても、数学に対する認識すら、専門間で異なる、というのが現状である。

再び万能の才人、「理論も実験も」という人材が、必要とされる時代がやってきたのである。しかし、これは容易なことではない。いや実際にはほとんど不可能である。やはり現代にはダ・ビンチが生き残る余地は無いのである。

そこで、専門も知識基盤も異なる研究者を組合せて、一つのチームとする考え方が生まれた。糸川はこれを、『一人の天才に頼らず、百人の凡才がそれに勝るシステム』として提案した。その最小単位として「二人一組」のチームを作り、またそのメンバー同士が、他とも混じり合って、別のチームの構成員となるのである。これは二名という「最小の組織」であり、しかも流動性を持ち、互いのアイデアが存分に活用されるという意味で、個人の力量も最大限に発揮出来る。要するに、「組織か個人か」という二元論を超克したものである。これを「ペア・システム」と呼ぶ。

さて、それでは「システム」とは何だろうか。糸川の組織論の特徴は何処にあるのだろうか。

2.5 システムとミッション

糸川の組織論、その最初の実践例が、ペンシルロケットであり、「アブサ実験班」であった。「実験班の構成」そのものが、糸川組織論の〝実験〟だったのである。

ロケットはあらゆる種類の人材を必要とする。それは、無用のジャンルを探すのが難しいほどである。

観測の対象を定め、こうすれば宇宙の謎は解かれるに違いない、と提案する理学者が必要である。その観測装置を設計し、ロケットを作り、打上げる工学者が必要である。軌道工学、電磁気学、熱工学、流体力学、材料工学、構造力学、電子工学、通信工学、情報工学、化学、数学、気象等々、まるで大学の履修要項のように名称が並ぶ。また、打上げ場のことまで含めれば、土木、建築、道路、保安管理、広報なども含まれる。まさに文字通りの意味での総合科学・総合工学なのである。

そして、こうした多くの学問を統一的に扱い、そこに美しいハーモニーを奏でさせる為には、全体を束ねる「システム工学」という学問が必要とされる。糸川の組織論は、この「システム」という言葉の理解から始まる。

糸川は、システムについて、次のように述べている：

焼き鶏はネギやらタンやらハツやらが一本の串に支えられて大変食べやすいように工夫されている。串そのものは食べられないが、多くのおいしい物を一本の焼き鶏にまとめている。この串がシステムである。

また別の所では、当時のテレビの人気番組『スパイ大作戦』(トム・クルーズ主演で映画化もされた)を例に引いて

構成する各個人の行動だけを見ていると、バラバラの勝手な行動で、なぜこんなことをしているのか、理解できないが、最後の結末からフィードバックすると、すべての個人の行動が連結していて、同一の目標に向かっていることが判る。だから、この番組は面白いのだ。

と話したそうである。

★　☆　★　☆　★

余談ではあるが、糸川がこのテレビ番組を気に入っていた理由は、他にもう一つある、と著者は睨んでいる。

この作品の原題は『MISSION：IMPOSSIBLE』である――映画版では、そのままカタカナ表記にして使われてい

るので、御存知の方も多いだろう。「不可能に挑む作戦」という意味であるが、ここで使われる「ミッション」という言葉こそ、糸川の人生を導いてきたものだからである。

直訳すれば〝使命〟となるが、キリスト者にとっては、もっと重い意味を持つのであろう。自分が生まれてきた意味、それが神から与えられた「ミッション」であるとして、如何に生きるべきかを考える、という感覚であろうか。子供の頃、日曜毎に教会に通っていた糸川は、この言葉を好んで用いていた。

特に、宇宙関係の計画は、「プロジェクト」とも「ミッション」とも呼ばれる。航空機開発を、我が命、我が「ミッション」と考えていた糸川が、それを奪われた時の衝撃は先にも書いた。その絶望から立ち上がり、新しい「ミッション」であるロケット開発を見出したのである。

独創性を重んじ、新しいことに挑戦することを生《い》き甲斐《がい》と感じた糸川が、インポッシブルな「ミッション」という題名の番組に興味を持たないはずがないのである。

ただ少々うるさく云えば、糸川の真骨頂は、「不可能に挑戦する」という美辞麗句よりは、もっと現実的でプロ好みの「可能を可能にする」ところにある。理論上は確かに可能性があるけれども、誰も顧みなかったもの、常識に縛られ誰も深く追求しなかったものに、鮮やかに光を当てて、強力な腕力をもって、それをねじ伏せる。「ミッション：ポッシブル」こそが、糸川の独壇場であったと思う。

余談ついでに、もうひとつ話を附け加えれば、現在、宇宙研が行う学生教育プログラムの一つとして「きみっしょん」と呼ばれるものがある。これは『君が作る宇宙ミッション』を縮めて愛称としたもので、意欲溢れる高校生諸君に宇宙研に集まって貰い、四泊の合宿の期間を通して、自分達で「宇宙ミッション」を立案し、その可能性を徹底的に検証する、という極めて高度な「夏の学校」である。

きみっしょん 2006

それを補助するのは、宇宙研で学ぶ修士・博士の大学院生達であり、さらに彼等を現役の研究者がサポートして、高校生の知的活動を大いに刺激するのである。

ここでも一番初めに語られるのが、「ミッション」とは何か、という問題である。その意味が、本当に心の底から分かった時、学生諸君は全く自発的に、テーマの虜《とりこ》となって、素晴らしいスピードで成長していくのである。多くの研究者が自らの時間を割き、大学院生が無償でこれに取り組んでいるのも、この高校生諸君の成長する姿が余りにも美しいからである。

「ミッション」という、この言葉の持つ独特の響きに、僅かでも共感して頂ければと考え、長く余談を続けた。

2.6 ベビーの誕生

さて、歴史の舞台へと戻ろう。

糸川は米国から戻り、自分の所属する生産技術研究所が、様々な分野の研究者を要する複合組織であることに目を附けた。先ずは航空、続いて電気関係の教授連に声を掛けるところから行動を開始した。こうして「アブサ研究班」が誕生した。

メンバーは、航空系の糸川英夫、池田健、玉木章夫、電気系の星合正治、高木昇、澤井善三郎の六名で構成され、これに、航空の森大吉郎、電気系の斎藤成文、野村民也が随時加わる仕組であった。この中から専門の異なる二名が、例えば、「糸川と高木」「玉木と斎藤」「森と野村」というようにチームを組んで「ペア・システム」を構成するのである。そして、お互いの専門を尊重し、学び合うことに徹した。専門を超えた「素人なりの意見」なるものを相手にぶつけて、互いの時間を潰す愚だけは避けよう、というのがメンバー間の基本的なルールであった。

開発陣はベビー・ランス改め「**ベビーロケット**」へと歩を進めた。ベビーは二段式で、直径8cm、長さ120cm、重さ約10kg。S型・T型・R型の三種が作られ、1955年(昭和30年)8月から12月に掛けて実験が行われた。

糸川とベビーロケット

8月23日、S型初号機は道川《みちかわ》海岸から、斜め打上げされた。これには発煙剤(四塩化チタン)が詰められており、その噴出煙を光学追跡する手法で、飛翔性能が確かめられた——型式のSは、Simpleの頭文字。

T型は、高木と野村が主導し、「明星電気」が製作した我が国初の「**テレメータ**(Telemeter)」を搭載していた——型式のTは、この頭文字である。

時々刻々と変化するロケットの状態(高度、速度、加速度、内部の温度、圧力、ヒータ電圧など)を示すデータを「**HK**(HouseKeeping)」と呼び、これを地上に送信する装置をテレメータ、データを取得することを「テレメトリを取る」と云う——テレビジョン(Television)という言葉が、実は〝テレ+ビジョン〟、即ち〝遠隔・視〟であることから分かるように、テレメータとは遠隔測定の意味である。

総指揮を務めた高木は、『打上げ30分前位から胃袋が裏返しになるような感じになる』と当時を述懐した。

R型は、植村恒義助教授の手になるカメラを先端部に搭載していた。これを上空からパラシュートで回収する実験が行われた。実験は見事成功し、海上に落下、浮遊してい

T型の総指揮をとる高木昇

た先端部をヘリコプターにて回収した。フィルムを現像したところ、六枚の空中写真が撮影されていた――型式のRは、Reentryの意味。

機体の到達高度は、何《いず》れも6㎞程度であった。S型、T型は五番機まで、R型は三番機まで打上げられた。

11月4日12時13分のR型三番機の打上げをもって、「ベビーロケット」はその使命を終えた。東京大学総長・矢内原忠雄、生産技術研究所所長・星合正治が見学に訪れていた中での見事な飛翔であった。

こうして、ペンシルロケットに始まった激動の1955年は終わりを告げた。ベビーロケットの成功に気を良くした糸川は、戸田を誘って寿司屋に行った。そこで、IGY(国際地球観測年)に参加することが正式に決まったこと、そしてその為には、二年以内に高度100㎞を実現しなければならないことを告げた。戸田は武者震いした。

先にも述べたように、糸川の当初の目論見であった「ロケット旅客機」の構想は、ひとまず横に置かれ、アブサ研究班の活動は、IGYへ参加する為の「観測ロケット」の開発が主となった。これは我が国が、その参加を国家として約束したものである。一刻の遅滞も許されないのは当然であった。出来る、出来ないの議論をしている暇は無かった。自らの誇りを賭けて「やらねばならない」のであった。

これに従って、開発されるロケットの順序も変更を余儀なくされた。その名称も、当初の「フライング・ランス」から、「アルファ」へと変更し、ギリシャ文字$\alpha, \beta, \gamma, \delta, \ldots$の順を追って命名していく予定であったが、糸川の逸《はや》る気持ちを表すかのように、一挙に「カッパ」まで飛ばされた。〝河童〟を連想させるこの名称は、音の歯切れがよく、「河童が空を飛ぶ」という面白さも手伝って、大変好評であった。以下に、ギリシャ文字に不案内な方の為に、若干の字母とその読みを書いておこう。

小文字：	α	β	γ	δ	……	$\varkappa$	λ	μ	……
大文字：	Α	Β	Γ	Δ	……	Κ	Λ	Μ	……
読み ：	アルファ	ベータ	ガンマ	デルタ	……	カッパ	ラムダ	ミュー	……

大文字は、英語の大文字と同じ字母を用いるものがあり、またラムダなどは「L」で代用する場合もあるので注意が必要である。本書の影の主役である「M-Vロケット」の表記は、英文字(エム・ブイ)ではなく、ギリシャ文字と、ローマ数字の組合せとして、「ミュー・ファイブ」と読むのが正式である——ただし、発音が少々長くなるので、関係者も多くの場合、これを「エム・ゴ」と呼んでいる。

2.7 「宇宙研方式」とは何か

このように、我が国の宇宙開発は、その冒頭から「科学観測」という大きな目的を持って始められた。何の為のロケットか、ということが初めからハッキリとしていたのである。さらに特徴的なことに、工学の糸川英夫、高木昇、理学の永田武、前田憲一、畑中武夫らが、この目的達成の為に、小異を捨て大同に附く、という精神で結集した。「宇宙研」は、その母体の時から、理学と工学という最強の「ペア・システム」の下で機能していた。このシステムは、低予算、少人数で、資材にも時間にも限りがある組織の運用形態としては、極めて優れたものである、との高い評価を内外から得ている。

宇宙研では、第一線の理学者、工学者が同じフロアに部屋を持ち、同じ食堂で食事をし、打上げ時に至っては朝から晩まで一緒に暮らして、喜怒哀楽を共にしている。

困ったことは、隣部屋の研究者が解決してくれる。NASAのように何事も書類、書類で、紙に埋もれて悪戦苦闘する必要はない。長く密度の濃い交流の中から気心を知り、互いの長所も短所もわきまえた上で、目的達成の為に、皆が最高の努力をしている。理学と工学の強力なタッグが、ここまで密接に実現している環境は他にない。

宇宙の真理を求め、観測の方向性を決める理学者と、観測装置を作り、具体的な物として、それに応える工学者。さらにその物作りを支えている企業の研究者。実際に機械を動かし、道具を駆使して開発の実行部隊となる多くの技術者等々。ロケットを作り、観測装置を設計し、それを運んで、打上げる。理念の提案から実際の打上げまで、全てが一ヶ所で議論され、まとめあげられていく場所は、世界に唯一相模原《さがみはら》の宇宙研だけである。世界に数ある研究所の中でも、これほどの総合的なものはない。俗に「宇宙研方式」と呼ばれるこのシステムは、常に異彩を放ってきた。

従って、宇宙研においては、ノーベル賞を狙おうか、という理学の大先生が、ロケットの打上げに関しては、工学の修士に頭を下げて教えて貰う、という光景が日常的なものとなっている。逆に聞かれた学生の方も、大先生に嘘を教えたトンデモナイ学生、という悪評が立たないように、必死に勉強をして、汗をかきながら説明するのである。

こうした〝学問の前での平等〟という基本的な――それでいて実際には中々お目に掛かれない――精神の無い研究者は、宇宙科学という多岐に渡って高度な専門性を必要とする分野では、全く仕事を為し得ないのである。ここに、年齢、地位、専門を越えた、本当の意味での研究者の交流が育つのである。

こうして、NASAやESA(欧州宇宙機関)の科学者達も羨《うらや》むような研究・開発体制が、確立されたのである。朝永振一郎、小田稔の共通の友人として、日本の宇宙科学の成果を詳しく見てきたフリーマン・ダイソン(Freeman Dyson)は、これを『small but quick is beautiful』という言葉で表現した。また、NASAゴダード研究所の所長だったノエル・ヒナーズ(Noel Hinners)は、『宇宙研は学問と人の連続性を重視して、ゴダードの6%の予算で大きな成果をあげている。こんなことができるのだ』と、NASAに警告を発している。

『ネイチャー』の編集長を23年間務めたジョン・マドックス(John Maddox)は、宇宙研に対する評価を、自ら書いて掲載した。その要旨は：

宇宙研は世界で最もすぐれた研究所である。その理由は、技術設計から打上げに至るまで、あらゆる作業について、広範囲に責任を負い、多くの探査機を全くの自力で打上げた。粘り強い成果の積み上げ、巧妙な工夫、見事な手際の良さが特徴である。技術が科学と同等のレベルで尊重されている。大学院生もスタッフと共に作業をし、自分達が指令室からコマンドを送り、そのことに対する責任を負うことを当然と考えている。スタッフは、複数の仕事に責任を持っているが、それは欧米流のマネージメント・スクールが金科玉条の如く繰り返している考え方と真っ向から対立している。その結果、正規の勤務時間を守ることは夢のまた夢であるが、彼等はそれを平然と受け入れている。

というものであった。

貧乏を逆手に取った「宇宙研」のやり方は、「大男総身に知恵が回りかね」「山椒は小粒でピリリと辛い」といった諺《ことわざ》が好きな、如何にも我が国の国柄に合った、組織運営法だと云えよう。1997年1月31日、内之浦を訪れたNASA宇宙科学局長ウエズリー・ハントレス(Wesley Huntress)は

日本の宇宙科学の未来は非常に有望で、21世紀に入っても大いに協力を深めていきたいが、ロケットや組立室の充実度に比べて、建物の老朽化が激しい。マリリン・モンローがボロ着を着ているみたいだ。

と語った。部外者にも、その〝惨状〟は見て見ぬ振りの出来ないものだったのである。

もちろん、これは我が国の国柄、規模、目的に「最適化」した場合に、こうしたやり方が劇的に有効である、ということの実際的な証明をしただけの話であって、これがそのまま世界の標準となるべきものではないだろう。「大男には大男なりの辛さ」があるだろうし、「小粒」では所詮《しょせん》届かぬ大計画もあるだろう。

しかし、だからといって、乱暴な外科手術をしてしまえば、全てを失ってしまうほど、その組織は繊細で精密である。最適化とは、それ以外の手を少しでも加えれば、もはや最適でなくなるものを云うのである。テーマに応じ、人に応じ、時代に応じて、変幻自在、融通無碍《ゆうずうむげ》ではあるが、最適化により動かし難い緊密さを保っている世界にも稀な組織、それが糸川らにより方向附けられた〝宇宙研という名の生命体〟なのである。先駆者の遺産は見事に発展し、貴重な財産となった。これは誠に誇るべきことである。

さて、時代を元に戻そう。時は1956年(昭和31年)、いよいよ国際地球観測年が迫っていた。「カッパロケット」の開発は急ピッチで進められていた。

第3章

栄光、落胆、そして試練

「雪空に河童一閃寒さかな」英夫

3.1　カッパの飛翔

斯《か》くして、我が国が、高度100kmに届くロケットを開発することは、〝国際公約〟の形を取ることになった。しかし、その大役を担うはずの「カッパロケット」は、1956年(昭和31年)9月24日の初号機「K-1-1」の打上げ以来、一向にその飛距離を伸ばせないでいた。到達高度は10km程度であった。それもそのはず、当時、世界にこのレベルの飛翔能力を持ったロケットは、アメリカの「V-2(旧独軍のおさがり)」、「バイキング」「エアロビー」の三機種と、フランスの「ベロニーク」しか無かったのである。全くの新規参入である日本が、高々数年の蓄積だけで、一朝一夕に目的を果たせるはずもなかった。

秋田ロケット実験場

何しろ秋田の寂《さび》れた海岸で、通信装置のテストを行うにも、ロケットの代わりに人間がそれを担いで走り、受けるアンテナは手動、コントロール・センターはテント、総本部は掘っ立て小屋、ロケットそのものは馬車で運搬する、という環境である。これで、いきなり世界三位に食い込めというのは、まるで昨日生まれた赤ん坊に、さあ、お使いに行ってらっしゃい、というような無茶な話である。

ところが、その無茶な話が罷《まか》り通ってしまう。米・仏のロケットが液体燃料を使っていることを採り上げて、「カッパは固体燃料だから無理だ」などという批判とも何とも論評のしようもない珍説が、マスコミを賑《にぎ》わした。

「プロも見落とした問題を素人が指摘し、それが危機を救った」などということは、ドラマの上では成り立っても、専門家集団が集中的に議論をしている現場では、先《ま》ず有り得ない。特に、明確な言葉の形になって与えられた〝指摘〟なるものは、ほとんどの場合、プロが一番最初に捨てるレベルの考察である。実際に、プロが部外者の発想を採り入れるのは、およそ言葉にもなっていない、意見以前の〝呟《つぶや》き〟である。それは、他分野の人が、全く異なる問題に対して漏らした感想であるとか、家族や友人と交わす雑談の中での一寸した一言であって、その中から解決のヒントを捻《ひね》り出すのは、やはり当の本人なのである。

飛翔高度の問題の、その第一は、固体燃料そのものではなく、その〝質〟にあった。一般に、液体燃料による推進機構を「**ロケット・エンジン**」、固体によるそれを「**ロケット・モータ**」と呼ぶ慣わしである。糸川らが作ってきた〝モータ〟は、ペンシル、ベビーを経て、カッパに至るまで、全て日本油脂製の「圧伸成形のダブルベース」を、推進薬として用いてきた。しかし、この方法で作られる燃料には、大きさに限界があり、カッパロケットの場合には、「傘立てに傘を並べるように」、燃料を何本もケース内に並べる方法で、燃焼室を充塡《じゅうてん》していた。

しかし、この方法では、燃焼室の全体を無駄なく使うことも難しく、また各部分で燃え方にムラが出ることも考えられる。そして何より、ダブルベースが発生する推力では、もはや目的を達成出来ないことは明らかであった。

実は、この年の春から行われていた事前の燃焼試験において、推力の問題以前に、燃焼室が溶解するという致命的な欠点が明らかになっていた。燃焼の勢いが短時間に激しくなる為、燃焼室そのものを溶かしてしまうのである。

この問題に対しては、燃焼室内壁に、グラスファイバー、酸化クロム、水ガラスの混合物を塗ることによって解決した。燃焼が始まると、先ずこれが発泡してガスを噴出し、湧《わ》き出した結晶水が内壁を冷却するのである。この「**アブレーション熱防御法**」と呼ばれる最先端技術は、米国も未だ成し遂げていない、世界に先駆けたものであった。

こうして、一つずつ地道に問題を解決していったが、今後、ロケットが次第に大型化していくことから考えても、燃料そのものの改善は、決して逃げられない問題であった。しかし、それは全く灯りの見えない夜道にも思えた。

折も折、1957年10月4日、ソ連が人類初の人工衛星「スプートニク1号」の打上げに成功した。スプートニクは、「**電離層**」を観測して、IGY(国際地球観測年)への参加を果たした。人工衛星のソ連と、未だ燃料問題で悩んでいる日本、彼我《ひが》の差に、関係者は追い詰められた。

根本的な問題から目を逸《そ》らしていては、大きな進歩はない。鋳型成形で自由に形や大きさを選べる「**コンポジット推進薬**」の開発が実行に移された。これは、燃料であり結合剤でもある合成樹脂に、過塩素酸アンモニウムを酸化剤として混合し、燃焼室に流し込んで、硬化させるものである。これもまた、米国が実用化を目指して、試験を始めたばかりのもので、先の見通しは無かった。先駆者としての誇りだけが心の支えであった。

　コンポジットの開発は壮絶を極めた。点火、即爆発の連続で、担当者は破片の前で茫然と佇《たたず》んでいた。一年近い試行錯誤の末、実用化の目途が附いた。IGY は既に半ばを過ぎていた。ロケットの型番号は「６」まで進んでいた。

　そして、期限も半年を切った1958年６月30日、二段式のカッパ６型四号機「K-6-4」が飛翔した。第一段直径25㎝、第二段直径16㎝、全長540㎝、重量255㎏の機体は、高度40㎞に到達し、高層物理の観測を行った。勇気を持って新規開発したコンポジット推進薬の成果である。

　さらに９月25日、**カッパ６型八号機「K-6-8」**が、大飛行を成し遂げた。希望の100㎞には届かなかったものの、高度60㎞に達し、大気の状態を伝える観測データを、送信してきたのである。関係者は、この「ロケットによる上空大気の観測」という大成果を携えて、IGY に参加した。続いて、11月には三機のカッパ６型が、「宇宙線・気圧の観測」「太陽スペクトルの観測」を行った。

カッパ６型の飛翔

こうして、公約は果たされた。独自の発想、独自のシステムで、果敢に目標に挑み、そしてそれを成し遂げた。その間、細かい技術的な面において、様々な〝世界初〟を樹立した。結局、IGY期間中に、観測ロケットを自力で打上げることが出来たのは、米国とソ連を除けば、日本と英国だけであった。ペンシルから僅《わず》か三年で、我が国は宇宙開発先進国の仲間に入った。それは世界の誰もが予想すら出来なかったハイペースであった。国内一般においても、開発スタッフの間においてさえ、当初は半信半疑のものであった――独り糸川を除いては。糸川は、当日の記念の寄せ書きに一句を添えた。

雪空に河童《かつぱ》一閃《いつせん》寒さかな　　英夫

秋田・道川《みちかわ》海岸の曇り空を吹き払って、真一文字にカッパは飛んだ。地上には轟音《ごうおん》と白煙を残し、大空からは夢と希望を連れて来た。男達は久しぶりに心から笑った。

文部省管轄下の東京大学の、しかも〝一部局に過ぎない生産技術研究所〟が、国家を代表する大成果を挙げた。世界に冠たるロケット開発の中心核となった。そして、このことが後に、色々と複雑な問題につながっていく。

遡《さかのぼ》ること二年、1956年５月19日。カッパ１型の地上テストが行われていた頃、総理府の外局として「科学技術庁」が設置されていた。初代長官は、あの正力松太郎であった。

一方、世界に目を転じれば、人類初の人工衛星を打上げるのは自分達だ、と信じて疑わなかった米国を、スプートニクのソ連が出し抜いた。まさかの遅れを取った米国は、必死の挽回を試み、エクスプローラ１号により、人工衛星を打上げた。この衛星により、地球の磁場が太陽から飛来した粒子などを捉えて、帯状の放射線の溜まり場を作っていることが分かり、発見者の名前に因んで「バン・アレン帯(Van Allen belt)」と名附けられた。こうした科学への大きな貢献が為されたものの、彼等の苛立《いらだ》ちが消えることはなかった。組織を挙げて、もっと本気でやらねば、ソ連の優位は揺るがない。

1958年10月1日、米国は、既存の航空諮問委員会(NACA:National Advisory Committee for Aeronautics)を母体として、新たに「**航空宇宙局(NASA**:National Aeronautics and Space Administration)」を設立した。これまで陸海空の三軍に跨《またが》っていた宇宙開発を、一つの組織にまとめたのである。

東京大学、科技庁、そしてNASA。三者が複雑な糸で結ばれていく。それは国際問題であり、国内問題であり、省庁間の問題であり、中央と地方の問題であり、科学・技術の方法論の問題であり、人間の生き方の問題であった。

3.2 世界初の電離層観測

我が国の宇宙開発を、観測ロケットを主とする態勢へ大きくシフトさせる要因となった国際地球観測年は終わった。しかし、一旦築き上げられた理学と工学の協力関係は、解消されるどころか、益々深まっていった。皆が、確かなものを摑《つか》んだ、という確信に満ち溢れていた。

その一方で、抜かれたら抜き返せとばかりに、国家の威信を賭けた米・ソの開発競争は、その苛烈さを増していた。

先頭を走る二国には、大きく水を空けられてはいるものの、この時期、我が国の開発もまた順調であった。カッパは静かに、確実に成長していた。6型は、全部で21機が打上げられた。多くの観測データが得られた。ロケットの改良も絶えることなく続けられていた。

糸川には、100kmという区切りの数字に対する拘りは無かった。達成すべき目標としては覚えやすく、部外者に対する訴求力も強いので、そうした数字を選ぶことは理解出来たが、工学的には、80kmであっても、90kmであっても、大差は無いのである。しかし、永田ら理学者の口調には、そうした工学者の常識を越えた強いものがあった。

地球大気の上層では、太陽光や高エネルギーの宇宙線が、大気を構成している原子や分子を激しく叩いて電子を剝《は》ぎ取り、負電荷の電子と、正電荷のイオン、という形に分離させている。これは、「**電離層**」と呼ばれており、四層を成している。高度の低い順に、「D 層(60km〜90km)」「E 層(90km〜130km)」「F1層(130km〜210km)」「F2層(210km〜1000km)」の四つである――太陽光線の影響が無い夜間は、F1層が消滅し三層となる。

電離層では、分離した電子が自由に動き、そこを通ろうとする電波を妨げ、反射する。従って、地上での放送や遠距離通信の研究の為にも、先ずは電離層の性質を知る必要がある。永田らが、IGY に際して、「高度100km」を強く意識していたのは、単に数字の歯切れの良さを好んだのではなく、この電離層、特に「E 層」の研究の為であった。

そして遂にその日がやってきた。1960年(昭和35年) 7月11日、カッパ 8 型の初号機「K-8-1」が、高度150kmを越えた。続いて、9 月22日に打上げた「K-8-3」は、高度200kmに達し、昼間の「**電離層のイオン密度測定**」に世界で初めて成功した――26日の四号機では、夜間の測定が行われた。当時、郵政省電波研究所にあって、電離層の研究を行っていた平尾邦雄教授が、これを担当した。「自分達が調べたい、と考えたことが、直ぐに実現される環境は、やはり観測機器の打上げ手段を有する国にしか与えられない。もし、この時の糸川先生らのロケット開発が無かったら、我々は今も外国に頼った研究しか出来なかったのではないか」と教授は述懐されている。

3.3　出る〝ロケット〟は打たれる

国際的な研究者の集いである「宇宙空間科学研究委員会(COSPAR：COmmittee on SPAce Research)」、略称「コスパー」における我が国の研究発表が、大きな賞賛を持って迎えられ、カッパは、本格的な観測ロケットとして、世界が注目する存在となった。

この年以降、ユーゴスラビアの宇宙協会は、数回に渡って委員を秋田まで派遣してきた。技術を見学し、指導を受け、カッパ6型ロケット及びその打上げシステム全体の購入交渉をする為である。そして二年後、三井物産の仲介で関連各省庁の諒解《りょうかい》が得られ、カッパ6型5機及び推進薬製造技術の詳細に関する輸出交渉は成立した。さらにその三年後には、カッパ8型がインドネシアに向け輸出された。

これを米国が快く思わなかった。〝神との契約〟という宗教上の縛りに基づくものであろうか、欧・米はルールを作り、それを明文化し、それに従うことで創り上げられてきた文化である。この原則に則って、なお自分達の権益を護《まも》るには、その時その時に、自分達に都合がよいように、敏速にルールを変えていけばよい。それを外野から、御都合主義だの二枚舌だの言ってみたところで、彼等は痛くも痒《かゆ》くもない。冷淡に、諸君もきちんとルールに従いたまえ、と宣するのみである。

この種の現象は、複雑怪奇な政治の世界を探らなくとも、スポーツ界を見れば、非常に極端な形で現れている。

1980年代、自動車レースの最高峰F1において、ホンダは圧倒的な強さを発揮していた。主催団体はこれに歯止めを掛ける為、再三再四に渡ってエンジンの仕様変更など、各種ルールを書換えて、その強みを殺《そ》ぐことに熱中した。

長野五輪で強烈な印象を残したスキー・ジャンプの日の丸飛行隊は、身長に劣る日本人の体格を熟慮して改訂された規定の犠牲となって、今なおその輝きを取り戻せない。

野茂は大歓迎を受けて、新人王に輝いた。直前のストで、爽やかさを失っていたメジャー・リーグの救世主と持て囃《はや》された。続く佐々木の大活躍にも、新人王を与えざるを得なかった。アメリカの新人は一体何処《どこ》に消えた、との声が出始めた。そして、リーグ関係者は、日本球界で既に数々の大記録を樹立しているイチローには、もはや新人王は相応《ふさわ》しくない、と遂に新人王規約の変更を匂わせるに至った。しかし、実際にそれを行うと、常に格下と見做《みな》してきた日本球界の地位を、自ら対等と認めることになってしまうので、不承不承に見送られた。

相手が〝子供〟だと思えば、彼等は非常に親切である。優遇措置を与え、環境に配慮し、その活躍を賛美してくれる。まさに優越感の裏返しである。しかし、相手が成長し、自分達に迫ってきたことを知るや否や、その態度は一変する。もはや対等の関係なのだから甘えるな、と言いたいのだろうが、こうした応援の極端な変化に、我々は中々馴染《なじ》むことが出来ない。

雨が降っても、風が吹いても、グランドに釘が撒かれていても、宿舎前で一晩中爆竹が鳴らされても、日本人は、「相手も同じ条件だから」と納得してしまう国民性である。ルールはルールだから、きちんと守ってくれるに違いない、と信じやすい性格である。「だからそのルールを書換えたのさ」と言われても、「ならばこちらも……」とはならないのである。「本気で敵対して来たのは相手が我々を認めたからである」と妙に嬉しそうに語るだけで、その後の対応策を練らないのも、また特徴である。

ペンシルロケットの頃、米国は、あたかも子供の成長を見守るような心地で、評価していたであろう。その成長を予見し、危惧する声は何処にも無かった。しかし、極めて短期間に、高い性能と高い信頼性を持ったロケットを、当時の彼等から見れば、廃屋《はいおく》の裏で、まさにタダ同然の予算の中で作り上げてきた、日本の開発陣の能力の高さに、彼等は脅威を感じ始めていたのである。戦中、米軍を苦しめたのは、日本の戦略ではなく、その高度な技術だった。あの悪夢が再び、と感じたのかも知れない。戦争終結後、僅かに十五年を越えたばかりの当時としては、それは当然の心の動きであったのかもしれない。

これ以降、米国は自分達が世界のリーダーであることを強調し始める。日本の独自開発を切り崩そうと、あらゆるチャンスを窺《うかが》って、陰に陽にその発言を強めていく。積極的に介入する為の口実を、色々と探し出したのである。

一方国内でも、こうした動きと連動するかのように、様々な所で様々な立場の人間が、何故か同じ方向性を持って動き出した。同朋の成功を喜び、それを分かち合い、外圧とは断固として闘う、という常識的な動きは後ろに隠れ、その成功を妬み、外圧と結んでは、掲げた旗を降ろそうとする輩が跋扈《ばっこ》しだした。様々な立場の様々な事情があったであろう。しかし、その行為が我が国の科学・技術の健全な成長を、著しく阻害したこともまた事実である。

やがて糸川と高木昇は、武器輸出の疑いで国会証言を求められた。そこでは、カッパはおろか、ペンシルでさえ、相手国が武器開発の根拠として利用し得るなら、我が国の平和の原則に反する、という強引な主張が繰り返された。

固体燃料ロケットは、ミサイルに道を通じている、という主張が熱心に為され、「両者は全くの別物で、もし仮にロケットをミサイルに転用しようとしても、新たにミサイルを開発するのと同じだけの時間と労力が必要となるので、それは有り得ない」という高木らの懸命の説明も、一向に理解されなかった。明確な説明を求める、という質問者の声に応えて、誠実で詳細な説明を行うと、「そんな難しい話は無用だ、分からない話はもう聞きたくない」と、まるで駄々っ子のような遣り取りが連日繰り広げられた。「誘導装置の無いロケットは、相手を狙うミサイルにはならない」という技術的な説明は無視され、言葉尻を捉えただけの高圧的な反論に、高木は大いに悩まされた。

この一連の国会での証言が、次世代ロケットに、非常に対応の難しい問題を残すこととなった。本筋を外した異様に神経質な議論に巻き込まれた結果、こちらもまた、それを受けて過敏な反応をせざる得なくなったのである。

★　☆　★　☆　★

名機カッパは絶え間なく改良された。そして、その飛距離が伸びるに従って、別の問題も生じてきた。日本海に面した道川では、いずれロケットは海を越えて、大陸にまで届いてしまうだろう。新たな射場の確保が差し迫った問題となっていた。しかし、日本の海岸線は、米国の占有状態が続いていた。調査一つもままならない状況であった。

新しい射場は、本格的なものになる。何時までも〝砂浜にテント〟では、ロケットの大型化も、観測機器の精密化も望めない。その条件は、広い太平洋に面しており、打上げ時の危険を回避出来るだけの広大な土地が確保出来、特に東側に陸地が無く、さらに可能な限り「南に位置している」ことであった。

地球は自転している球体である。その表面の速度は、赤道附近で最も速く、極附近で最も遅い。回転する独楽《こま》を思い浮かべて頂ければ、容易に分かる理窟である。従って、出来る限り低緯度の赤道に近い地域から、東に向けて打上げることで、地球表面の速度をロケットの速度に上乗せすることが出来るのである——西向きに打上げると、逆に地表の速度とロケットの速度が打ち消し合ってしまう。

3.4 陸の孤島

新しい実験場は、今述べたような物理的条件を充たす必要がある。しかし、太平洋側の地域は、日本海側に比べて、開発が進んでおり、仮にその時点での条件はよくとも、近い将来、工業地帯や観光地としての開発が予想される場所では、永続性の点で問題がある。また、冬季の天候条件や、漁船操業の頻度なども考えねばならない。

関係者は手分けして、北は北海道襟裳岬《えりもみさき》・百人浜から順次南下し、青森県下北半島・尾駮《おぶち》海岸、茨城県鹿島町・下津海岸、大洋村汲上《くみあげ》海岸、袴田町大竹海岸、神栖《かみす》村奥野谷浜、和歌山県潮《しおの》岬、梶取《かんとり》岬、宮崎県串間《くしま》市・都井《とい》岬、種子島《たねがしま》西之表町・安納《あんのう》海岸、中種子《なかたね》町・上方海岸、同じく熊野浦海岸、南種子《みなみたね》町・広田海岸、同じく下中海岸などの現地調査を行ったが、適地は中々見附からなかった。最後に残されたのが、陸の孤島とまで云われていた、交通隔絶の地、鹿児島県大隅《おおすみ》半島・内之浦《うちのうら》であった。

1960年(昭和35年)10月24日、秘かに内之浦を訪れた糸川は、長坪地区の「お椀を伏して並べたような凹凸の激しい地形」を一目見て、この地への基地建設を即断した。直《ただ》ちに町長ら土地の有力者を訪ねて回り、ロケット基地の意義を説いた。この地区には、平地がほとんど無い。到底ロケットの発射基地のような大掛かりなものを建てることは不可能である。第一、資材を運搬する道路すら無い、民家にはまだ電灯もついていないのだから、と地元の人達は驚き、糸川の余りにも破天荒な要望に半ば呆れた。

「山があれば削ればいい、削った土で道路を作り、建物を建てましょう。見晴らしの良い山はレーダーの台地にしたらいい」と、立て続けに話した。如何《いか》にこの土地がロケット基地として適しているか、という糸川の極めて論理的で、かつ常識外れの解説は延々と続いた。あらゆる短所が長所と化した、それはまさに「逆転の発想」、そのものであった。東大の有名教授が直々にやってきて、必死に基地の重要性を説いている。当時、ロケットの何たるかもよく分からなかった地元の人々は、ただその熱意を信じるしかなかったであろう。

造成開始時の内之浦

後年、糸川は日本がその国土の特徴を存分に活かしていない、と嘆いていた。無闇に山を切り開いて造成するのではなく、山は山として活かしながら、そこに適した建物を建て、自然と共存しながら、土地を利用していけば、日本国は充分に広い国である、と論じていた。内之浦の基地建設は、まさにこの糸川の「国土活用論」の最初の実証地になったわけである。

ロケットの関連資材は全て陸送する、と糸川は関係省庁を説得して回った。その為には道路が必要である。海上輸送を前提としたのでは、内之浦の人達に生活上の利益が無い。こうした気配りが、先ず内之浦の婦人会の心に響いた。田中キミ率いる婦人会は、町の将来の発展につながる計画だから、と全面的な協力を申し出てくれた。この町に仕出屋は無い。町外の者には、食事一つもままならなかった。そんな窮状を察して、さり気なく出された婦人会特製の「おはぎ」が、難航する作業に疲れ果てていた関係者を感動させた。何も無い内之浦には、人の情だけがあった。心を寄せ合う、優しさだけが溢れていた。

力強い味方となった婦人会

漁業者に対する説明も頻繁に行われた。それは地元鹿児島だけに留《とど》まらず、宮崎、大分までもが含まれていた。打上げの前後は、ロケットの部品が落下する可能性のある危険海域を封鎖しなければならない。海上船舶の航行頻度や漁業操業の実態を、きちんと把握した上で、計画を立てていかなければ、事が漁業者の生活に直結しているだけに、直ちに大きな問題に発展してしまう。それは、お金の問題であると同時に、人の信義の問題であった。後から来た者が、先に居る者に対して尽くす礼儀の問題であった。正直に、丁寧に、誠意を込めて、真実を話して、内容を理解して貰《もら》うより他に手立ては無かった。

1961年4月、新実験場建設は正式に承認された。そして明くる年の2月2日、鹿児島県肝付郡内之浦町長坪の粗削りな台地の上で、東京大学「鹿児島宇宙空間観測所(Kagoshima Space Center)」の起工式が執り行われた。略称「KSC」は、米国の「ケネディ宇宙センター(John F. Kennedy Space Center)」に先んじたものである──「KSCの元祖は我々である」というのが、今もなお、関係者の一寸した自慢となっている。起工式は、東大の茅誠司学長を招いて行われた。当日、200人分の弁当を作ってくれたのも、やはり婦人会の面々であった。

当時、米国の基地は、所在地である「ケープカナベラル(Cape Canaveral)」をそのまま名称としていたが、1963年11月、ケネディ大統領の暗殺直後に、亡き大統領の遺徳《いとく》を偲《しの》んで改名された。翌日の新聞に『陸の孤島内之浦、極東のケープカナベラルに変身』という見出しがあることからも、起工式が改名前にあったことが分かるだろう。

斯くして、内之浦に我が国二番目の、そして初の本格的なロケット基地が誕生する。後ろに山は迫っていても、目の前は広大無辺の太平洋。ロケットの性能を向上させるのに、何の遠慮も要らない環境が手に入った。地元の温かい応援も得られた。鹿児島県宇宙空間観測協力会、内之浦宇宙空間観測協力会といった組織作りも行った。まさに前途洋々にも思えた次の瞬間、衝撃的な事故が発生した。

3.5 空前絶後の大失敗

内之浦に基地が出来るにせよ、道川の実験場を廃止する予定は無かった。道川は、東京からも近く、梅雨の期間が短いので、夏期の実験に支障が少ない。飛翔距離の短い小型機の実験には、色々と都合の良い実験場であった。しかし、そうした目論見は、一つの出来事で一気に崩れ去った。

1962年(昭和37年) ５月24日午後７時50分。カッパ８型十号機の夜間発射は、ロケットの打上げを一目見ようと集まっていた群衆を、一瞬の中に恐怖のどん底に陥れた。

カウントダウン終了。第一段点火とほぼ同時に、燃焼室後部が破裂し、火の点《つ》いた推進薬破片が、四方八方に飛び散った。その距離、実に300m。民家の周辺に落下し、何ヶ所かから火の手が上がる。閃光と爆発と轟音と。非日常の鮮烈な世界が、突如として眼前に現れた時、人はそれを夢かと見まごう。全てのものがゆっくりと動く。僅か1秒が永遠にも思えてくる。そして、時が止まる。現実は、モノトーンの静止画の集まりに貶《おとし》められる。およそ1km離れた場所から監視をしていた高木昇には、実験場全体が炎に包まれたように見えたという。

周りの喧噪《けんそう》を余所《よそ》に、ゆらゆらと力無くロケットは舞い上がり、海中に没して行った。しかし、その光景はスタッフにさらなる恐怖を与えていた。「K-8-10」は二段ロケットである。その二段目の点火は、一段目から30秒後と決められており、それは内部のタイマーで自動的に起動される為、外部からは絶対に止めることが出来ないのである。
彼等の必死の祈りも空しく、30秒後、第二段に点火。再び、ロケットは海中から飛び出して、実験班の居る方向に向かって轟音と共に飛翔を始めた。そして、二段目は、恐怖に震えるスタッフの頭上を飛び越え、砂防堤でバウンドして、砂防林の中へと消え去った。まさに不幸中の幸いとは、このことを云うのであろう。人畜共に被害は無く、納屋など数軒でぼや騒ぎを起こしただけで済んだ。何の言い訳も出来ない「失敗」であった。如何なる事情があろうと、人の命を危機に曝《さら》すような実験は、完璧な失敗である。

糸川は、周囲の状況を見て、素早く次の指示を与えた。破片が鉄道の線路などに落ちていると、二次災害を誘発する。今すぐ線路周辺を徹底的に調べてくれ、と声を掛けた。また同時に、事故原因の究明の為には、人の記憶が確かな今の中にということで、早速、スタッフ一人一人にコメントを求め、それを整理する作業を始めた。
こうした完璧な失敗ですら、次の役に立てようとした。パニックの後に人は何を考え、如何に行動したか、を記録することこそ、この失敗に意味を与えることだと信じて俊敏に行動を開始した。この失敗は、実験の保安面の規準をより厳しいものにし、多くの教訓を関係者に与えた。
そして後日、糸川はこの失敗の一部始終を、国際会議で発表した。この「失敗の記録」は、世界のロケット開発に大いに役立った。しかし、道川周辺住民の不安は決して消えなかった。斯くして、以後の道川でのロケット実験は、全て中止されることとなった。両雄並び立つはずの一方の雄、道川の秋田実験所は、我が国のロケットの歴史から姿を消すこととなった。打上げ総機数は88機であった。
残るは内之浦のみである。一刻も早い開所が待たれた。

今、道川に往時を偲ばせるものは何も残っていない。ただ一つの碑が、かつての強者どもの夢を、静かに語ってくれている。しかし、その碑の存在を知る人もまた少ない。

道川(現・由利本荘市の岩城地区)

「日本ロケット発祥記念之碑」

昭和三十年八月六日国産初のペンシルロケットが東京大学生産技術研究所によってこの海岸で打上げられた。昭和三十二年七月から昭和三十三年まで実施される国際地球観測年に参加する為の予備実験であった。以来昭和三十七年五月のカッパ8型十号ロケットまで七年間に八十機余のロケット実験が行われた。最初のロケットは全長二十三センチメートル、高度六百メートルであったが、昭和三十六年打上げの三段式ロケットカッパ9L型機は全長十二・五メートル、高度三百五十キロメートルと長足の進歩を遂げた。世は正に宇宙時代、宇宙への夢はさらに大きく膨らむであろう。日本の宇宙時代の夜明けとなったロケット発祥の地道川海岸を永く後世に伝えるため岩城町誕生三十周年を記念しこの碑を建立する。

昭和六十年七月吉日　岩城町長　前川盛太郎

3.6 役所のロケット

致命的な失敗により、道川の実験所そのものを失ってしまった。二ヶ所に棲《す》み分けて、それぞれに特徴ある運営をしようと企画していた関係者は、大いに落胆した。しかし、内之浦は希望の星である。一刻も早く、移転して本格的な実験を始めることに、意識を切り替えるべきであろう、と誰もがこの時は思っていた。自分達の与《あずか》り知らぬ問題で、ロケットの打上げが全て中止されるなどということは、誰にも想像すら出来なかった。

再び、組織の流れを追おう。先に、「宇宙研」という名の一本の鎖を、歴史に沿って見てきたわけであるが、ここからは次第にその要素が増えていく。二本、三本と鎖は絡み合い、次第に意味の無いもつれを見せていく。将来の夢と希望に溢《あふ》れ、自分達の力だけを信じて、〝夕日に向かって走っていた〟宇宙研の少年時代は終わったのである。

世に「スプートニク・ショック」と呼ばれるように、ソ連が世界初の人工衛星打上げ国となったことは、米国に大きな衝撃を与えた。それは、彼等にとって、有り得ないこと、有ってはならないことであった。何故、我々が後塵《こうじん》を拝《はい》する事態に陥ったのか、という議論が徹底的に行われ、それは将来に備えての学童教育の刷新《さつしん》にまで行き当たった。子供から大人に至るまで、全ての国民が宇宙に関心を持つと同時に、宇宙開発を支援するように、あらゆるメディアが活用された。大量の資金と、人材が宇宙開発に投入され、必死の巻き返しが始まった。

「スプートニク」対「エクスプローラー」で、幕を開けた宇宙開発レースは、「セルゲーイ・コロリョフ」対「フォン・ブラウン」という二人の天才が指揮する技術の闘いであり、その裏では、社会主義対資本主義、という二つの体制の闘いであって、その優劣を競う唯一絶対の物差しの如くにさえ考えられるようになっていた。その先に見えるのは「月」であり、月面にどちらが国旗を掲げるか、という極めて単純で、それ故極めて強い目標が関係者の心を支配していく。遙か地球を見下ろすのはどちらの体制か。地上を征圧し、月をその手に収め、この世界の唯一の支配者として君臨するのは、ソ連なのか米国なのか。

こうした世界政治のうねりの中で、科学と技術が論じられ、科学者、技術者が英雄視され、宇宙飛行士なる職業が定義されて、アイドルばりの人気者になっていく。世界的な熱狂の渦の中で、その本質は論じられることが無いまま、置いてけぼりを食う恐怖感だけが、心を圧していく。

バスに乗り遅れるな、という焦りだけが動機では、所詮《しょせん》は先頭に立てないことも分からずに、兎《と》に角《かく》、その仲間に入ろう、話題だけでも共有しよう、という気運が日に日に増していった。「宇宙」は、将来のビッグ・ビジネスにもなれば、政治を動かす「票」にもなり、子供達にも夢が与えられる、という万能薬の様相を呈《てい》してきた。

糸川の構想から、10年の歳月が経っていた。その時は見向きもされなかった宇宙とロケットが、万人の関心事になり、政治を、企業を動かす大動力源として、注目されてきたのである。もはや大学の研究者が、それを大切に、丁寧に、理想を持って育てていく暇は無くなってしまった。

科学技術庁(以後、科技庁)は、1962年(昭和37年)4月に航空宇宙課を設置し、宇宙への並々ならぬ関心を露《あら》わにした。彼等は、文部省所轄の一国立大学に過ぎない東京大学の、しかも一研究所が、国を代表したかのような形で、ロケットを打上げていることに、大いに問題があると見ていた。何しろ科学技術庁は、「科学と技術の総元締め」を標榜する役所なのである。

研究体制を整え、「国家としての宇宙開発」に乗り出すべく、準備は進められた。1963年8月10日、科技庁は、防衛庁新島試験場(以後、新島)でロケットの打上げ実験を開始した。しかし、ロケットそのものは委託であり、その全ては三菱重工が開発したもので、液体燃料によるエンジンを搭載していた。関係者のほとんどは、企業からの支援隊であり、自衛官であった。

1962年4月25日、科技庁、「航空宇宙課」設置。
1963年4月1日、科技庁、航空技術研究所を、「航空宇宙技術研究所」と改称。
1963年8月10日、科技庁、新島でロケット実験。
1963年12月9日、東京大学鹿児島宇宙空間観測所開所式。
1964年7月1日、科技庁、「宇宙開発推進本部」を設置。
1964年7月17、19、22、23日、科技庁、新島でロケット実験。
1965年6月15〜18日、科技庁、新島でロケット実験。
1965年11月16〜19日、22日、科技庁、新島でロケット実験。
──以上、新島で打上げられたロケットの総数18機。
1966年5月24日、科技庁、「種子島宇宙センター」設置決定。
──1967年3月20日、糸川英夫教授退官──
1967年4月14日、種子島周辺関係漁業者対策の為、ロケット実験中止（東京大学も含まれる）。
1968年8月20日、総理大臣官邸にて政府側と鹿児島県、宮崎県漁業代表者との間で、ロケット打上げ協力の覚書調印。
1968年9月10日、東京大学、科技庁、ロケット打上げ再開。
1969年10月1日、科学技術庁所管として「宇宙開発事業団(National Space Development Agency of Japan)」発足。略称は「ナスダ(NASDA)」。本社並びに種子島宇宙センター、小平分室、三鷹分室及び勝浦・沖縄の両電波追跡所で業務開始。

矢継《やつ》ぎ早《ばや》に打上げ実験が行われた。当時の世相からして、科学技術庁が防衛庁の敷地内で、その施設を利用して、〝ミサイルを連想させる〟ロケットを打上げることには、大いに議論があった。少なくとも、「最高学府の学術研究用ロケット」という明確な立場とは異なり、大義名分に苦慮する部分があった。しかし、そこは世を挙げての宇宙ブームが後押しをした。

このように科技庁の宇宙開発は、糸川らに対する、或いは東京大学に対する、或いは文部省に対するハッキリとした対抗軸として始まったものなのである。彼等は一刻も早く、その立場に相応しい優秀なロケットを欲していた。その為には、米国からの技術移転も、技術供与も考察の対象から外すべきではない、と考えていた。いや、むしろそれを欲してもいた。

一方、米国側は、技術を売って外貨を稼げれば、それで文句は無かった。民間企業の商売の手伝いを政府が行い、貿易を直ちに選挙の「票」に変える、という手法は、当時から米国の政治家が最も得意とするものであった。また、彼等はなお、我が国を指導する立場にある、と素直に信じてもいただろう。カッパロケットの輸出以来、何とか我が国の宇宙開発に介入しようとチャンスを狙っていたのである。この機会を逃すはずもなかった。本来は、〝押し附けられた〟はずのものが、一転して〝押し戴《いただ》いた〟ものに変ずるのもまた、戦後の我が国の特徴の一つである。結局、移転技術を有難く「押し戴く」ことに相成った。

ただし、移転技術は多くの場合、「ブラック・ボックス」として提供される。中身は教えて貰えないのである。「このように入力すれば、あのように出力される」という関係が指導されるだけであり、内部でどのような処理が行われているかは決して問えない。それは企業秘密、国家秘密である、と言われれば、購入者の方が一言も文句を言えない仕組なのである。彼等もまた、この手法に長く泣かされることになった。

焦りは奢《おご》りとなって、対応に繊細さを欠くようになっていた。功を急ぐあまり、周囲に気が回らなくなっていた。フォン・ブラウンは言った、『宇宙開発は歩くことから始まる』と。それは、適切な射場を見附けることの難しさを表現したものであるが、我が国の場合には、「宇宙開発は歩くことに始まり、漁業交渉に終わる」と云えそうである。陸域の狭い我が国にとって、射場は必ず海に面している。地元漁業者との友好・協力関係無しには、ロケットは一機たりとも上がらないのである。

3.7 漁業交渉

先の年表によれば、「1967年４月14日：種子島周辺関係漁業者対策の為、実験中止」とあり、その後、「1968年９月10日：東京大学、科技庁、打上げ再開」となっている。実に１年５ヶ月余りに渡って、まさに「一機も上がらなかった」のである。

事の顛末《てんまつ》は、中央の些細《ささい》な面子《めんつ》の問題、ただそれだけであった。一方の当事者である漁業者からすれば、信義の問題であり、意地の問題でもあったろう。何《いず》れにしてもその発端は、小さな出来事の対処を誤ったためであった。

科技庁は、新島の狭さに限界を感じ、新たに種子島に射場を建設することを決意した。種子島は、糸川も一度は射場の有力な候補として考えていた場所であるが、交通の便の悪さに断念した経緯があった。しかし、この時点ではその難点も解消されていた。科技庁は鹿児島県と交渉を始めた。現在のロケットは、多段式であり、その本体のほとんどを海へ落とす。発射時の危険性の問題は云うに及ばず、こうした廃棄物に対する嫌悪感も漁業者を頑《かたく》なにさせる大きな理由となっている。海が汚れるのである。穢《けが》れる、と考える漁業者も居ただろう。

従って、射場周辺の海域で操業する全ての漁業者にとって、ロケットは招かれざる客であり、長くその地域で海と共に生きてきた人々にとって、無法な新参者に過ぎないのである。我が国の漁業者の発想は、早い者優先である。その地域に昔から居て、早く操業をした者が権利を得る。外国のように、国から場所を指定され、その権利を与えられている、というわけではない。従って、如何に国であろうと、自分達が代々築いてきた漁業権を侵害することは出来ない、という考え方なのである。

さらに、種子島周辺で操業しているのは、鹿児島県の漁業者だけではない。「鹿児島にだけ挨拶して、何故我々を無視するのか」と宮崎の漁業者達が怒り出した。当時の科技庁長官・上原正吉が宮崎に挨拶に行った際、焦眉《しょうび》の急《きゅう》であったロケット問題を一切話さずに、野菜の輸送の話だけをして帰京したことが、火に油を注いだ。これでは、重ねて無視された、と取られても致し方ないであろう。

やがて射場の施設が完成し、種子島発射場開設披露宴を行う、という次第になった。これに宮崎県漁業連合会は猛反発した。正式な挨拶も無しに、いきなり完成披露宴を行って既成事実を重ねていこう、という方針が許せなかったのである。早速、上京して科技庁に掛け合った。事務方はこの陳情を故あることと考え、披露宴の一時延期を約束して、何とか事を収めた。ところが、それを聞いた新任の長官・有田喜一は、役人が大臣を差し置いて政治的判断を下すのはけしからん、と激怒し、披露宴開催の強行を指示した。このドンデン返しを、連合会のメンバーは郷里に戻る車中の電報で知らされた。

この応接に宮崎漁連の怒りは頂点に達し、ロケット実験「絶対反対」の方針を打ち出した。絶対は絶対である、そこに例外は無い。如何なる条件を出しても絶対反対。一切のロケット打上げに反対する宮崎の「絶対反対闘争」には、科技庁だけではない、何と東大・内之浦のロケット実験まで含まれてしまったのである。寝耳に水の衝撃に、宇宙研の関係者は茫然《ぼうぜん》とした。

一つの応対、一人の発言が、もう少し誠実なものであったなら、体面ではなく、実質を本音で話し合ったものだったなら、事態はここまで複雑化しなかったであろう。何の関係も無い、内之浦まで巻き添えになることはなかったであろう。漁業者から見れば、ロケットはロケットなのである。糸川らが地元住民との共存共栄を常に考え、営々と築いてきた信頼関係も、ロケットは皆同じ、と一括《ひとくく》りにされて葬られてしまった。

その後、地元の有力議員である山中貞則が仲介の労を執って、絶対反対闘争は条件反対闘争に落ち着き、「漁業交渉」が始まったのである。以来、打上げに際しては施設投資の形で、漁業組合ごとに補償をする。打上げそのものは、気象条件が悪い為、漁閑期である「一月・二月と八月・九月」の二つの時期に限定する、という「盆と正月方式」を取ることが約束され、1968年(昭和43年) 8月20日、総理大臣官邸において、各県漁連との間で調印された。

現在では、この日程の縛りは若干緩くなっているものの、依然として、打上げ可能な日数は非常に限られており、その枠の確保の為に、打上げ関係者は、毎年五月から六月に掛けて、鹿児島・宮崎・大分・愛媛・高知の五つの県の漁業組合を巡る。何よりも重要なことは、地元との共存共栄である。これを忘れては、現代のビッグ・サイエンスは絶対に成立しない。

通信や放送などの実用衛星は、打上げの幅が広い。特にこの時期でなければならない、という時間的な制約は少ない。安全で確実に打上がれば、それでいいのである。

その一方で、惑星探査や観測用のロケットには、非常にキツイ制限がある。それもそのはず、惑星の運行は我々の打上げを待ってはくれない。大自然の営みを人間の都合で調整することは出来ないのである。こうしたロケットの打上げは、非常に狭い範囲に期日が制限され、それは何時何分の程度まで決められてしまう場合もある。そうした中で、さらに漁業交渉による打上げ月の制限が加わると、一旦それを逃したら最後、翌年、翌々年まで打上げの機会を失う、という事態まで考えられる。安全で確実で、まさにその瞬間に打上げられるシステムが必要となるのである。

また、電気システムに大きく依存したロケットは、天候に大きく左右される。大雨の中では発射出来ない。宇宙では問題の無いロケットも、待機中は全システムが地上とコネクターでつながれている為、この部分が雨に曝されると接触不良が起こり、打上げシステムに支障を来してしまうのである。雨天延期が二日も続けば、バッテリーが上がったり、搭載機器のガスが抜けたり、温度が上がったりして、何もかも組直しということさえある。これらの条件が全て満たされた時、初めてロケットは打上がるのである。

3.8 二つの文化

その後、科技庁のロケットは、ナスダ(宇宙開発事業団)が引き継ぎ、NASAからの技術を活用して成長した。打上げシステムもNASA方式で、仕事のやり方もNASAが開発した書類を中心とした方法である。保安基準も、用語も、会議も、全てはNASAが取り組んできた手法を採り入れたものである。

それは、人よりは書類が優先され、書類に如何に記載されていたか、が最大の論拠となる方法である。これには特段の熟練を要せず、事に当たれるという長所がある。名人、職人は不要である。「全ては書類に書いてある」のである。しかし、それを実現する為には、書類の数が想像を絶するほど多くなる。筆記と整理の為の専門家が必要であり、規模も人件費も高騰する。しかも、決断に非常に時間を要する、という短所がある。「全てが書かれている」はずの書類を探す時間が必要なのである。

書類文化のナスダ。種子島で液体燃料ロケットを打上げているナスダ。実用衛星が中心のビジネスを睨《にら》んだナスダ。科学技術庁が所轄するナスダ。

名人・職人気質の宇宙研。内之浦で固体燃料ロケットを打上げている宇宙研。世界の学問のリーダーとして君臨している宇宙研。文部省が所轄する宇宙研。

この二つの組織が、2003年10月1日、省庁再編、行政改革の煽りを受けて合同し、「宇宙航空研究開発機構(JAXA：Japan Aerospace Exploration Agency)」となった。元々一つの対抗軸として設立され、互いの関係を揶揄《やゆ》されてきた両者が、それぞれを所轄する科学技術庁と文部省が統合され、文部科学省となるのを受けて合体したのである。しかし、両者は依然として異なる文化の中にある。現場を尊び、手続を後に回す旧宇宙研のやり方と、書類を重んじ、手続から入る旧ナスダのやり方が、一朝一夕に融合するはずがない。また、安易に融合する必要もないだろう。

この統合は、実はナスダ誕生のその日より、「一元化」の名の下に強く論じられてきた経緯がある。国会議事録には「一元化」の文字が躍っている。鹿児島県に射場が二ヶ所もあるのは無駄ではないか。ロケットが二種類もあるのは無駄ではないか。人員も整理出来るはずだ。何も大学がロケットを打上げる必要は無い。一刻も早く一つの組織にして効率化を促し、世界に伍する宇宙開発をせよ、との掛け声だけが渦を巻いていた。

しかしその時、既に世界的業績を挙げていた糸川らのロケットを、開設時の成員、僅かに20数名で、ロケットの専門家が一人も居なかったナスダが、「一元化」という名の大義名分を掲げて、政治力によって、吸収合併しようとしたのであるから、当然上手くいくはずがなかったのである。

ロケットのような極めて高度なシステムに、一番必要なのは冗長系である。一つが壊れても、残りがその役割をきちんと果たして、全体として機能が衰えないようにする工夫である。最低の冗長度は「2」である。二つの機関が、それぞれ育ててきた手法を尊重し、液体がダメなら固体で、種子島がダメなら内之浦で、と何時でもお互いが入れ替われるように準備を怠らないことが最も大切なことであって、完全に融合して一つになってしまえば、何の保険も無くなってしまう。これほど危険なことはない。

何か事が起これば、我が国の宇宙開発は完全に機能不全に陥ってしまう。それを避け、健全な両立を図ることが本来の融合の意味であり、それでこそ一機関にした意義が出てくる。統合は、互いに支え合って宇宙開発の〝両輪〟として働け、という趣旨であって、〝一輪車になれ〟ということではないはずである。何故、人間には眼が二つ、耳が二つ附いているのか、を今一度思い出して、物事を立体的に見て聞いて考える必要があるのではないか。

組織内の無駄を省き、効率化を図る意味から、様々な規準を統一して、相互の風通しをよくしようと、「One-JAXA」という名の改善運動が展開された。しかし、功を急いで乱暴に事を進めると、逆に効率が低下し、充分な成果が挙げられない。それでは国民から〝None-JAXA〟と云われて、見捨てられる。兎にも角にも、国民の期待に応えることが、組織の究極の目標である。その名称、構成、その他諸々の内向きの問題ではなく、研究者が自身の独自の創意工夫をもって、世界に誇れる科学・技術の成果を積み重ねて、世界有数の宇宙開発の基軸となることが、国民の負託に応える唯一の道であろう。

3.9　風に吹かれて

歴史の流れに再び戻ろう。道川から内之浦へと実験場は移った。カッパに続く「**ラムダロケット**」の開発が続けられていた。そして、さらにその後を睨んで、「**ミューロケット**」の基礎研究も始められた。

逃げる米国、追うソ連。二大国の凄《すさ》まじい闘いが、世界を驚かせていた。人間が月に降り立つ。未だ人々は、それを言葉以上の意味に解することは出来なかった。光でさえ1秒以上掛かるあの場所へ、人間がどうやって行くのだろうか。その理論、方針、システム、様々な情報がマスコミを通して、一般の人々に流れたが、どんな説明をされたところで、それを具体的なイメージとして捉えることは出来なかった。それは内之浦の関係者とて同様であった。理窟では分かっていても、それを実感することの難しさは、一般の人達と何も変わらない。

世間の喧噪を余所に、彼等は別の手法で、宇宙と関わっていた。自分達の出来ることに、自分達独自の方法で取り組んでいく。世界の誰もが、想像もしなかったような方法で、成し遂げる。それが彼等のやり方であった。

ラムダは、着実に高度を延ばし、遂に1000㎞を越えていた。次の目標は人工衛星であった。しかし、その目標を素直に口に出来ない現状に、糸川らは歯嚙みした。

人工衛星とは文字通り、惑星の周りの軌道に乗った人工物のことである。ニュートンの万有引力の法則に従って、万物は地球に引っ張られている。そして、また万物も地球を引っ張っている。しかし、地球に向かって落下するよりも、前へ進む割合が多ければ、どうなるだろうか。落ちては進み、進んでは落ちて、ちょうどそのバランスが取れた時、その物体は、地球の周りを回ることになる。人工衛星とは常に地球に向かって落下しながら、同時にそれを打ち消すだけの勢いで前へ前へと進んでいる物体なのである。

従って、人工衛星を生み出すには、想定した高度に、決まった速さで、正確に物体を送り込まねばならない。少しでも速さが足りなければ、それは地上に向かって落下してくる、〝人工流星〟になってしまう。ロケットの位置と速度を、正確無比に制御する「軌道制御の技術」、これが人工衛星成立の絶対条件である。その為には、非常に高性能な「誘導装置」が必要である。その瞬間、その瞬間のロケットの姿勢や、位置、速度の情報を取りまとめ、水先案内をしてくれるナビゲーション・システムが必要なのである。

しかし、糸川は、最初からこうした高度なシステムに頼ることに危険を感じ、可能な限り簡潔に衛星を上げる方法を模索していた。その結果、出されたアイデアが「無誘導方式」である。世界中がより高精度の誘導システムの開発を競い、そこに莫大な資金を投入している中、糸川はそれ無しで、人工衛星を上げてみせようとしたのである。

これは要するに、運動会の玉入れのような手法である。物を投げ上げれば、放物線を描いて落ちてくる――「物を放つ線」で放物線であるから、日本語では同語反復のようになって、説明がむしろ面倒になる(英語ではパラボラ〈parabola〉と云う)。放物線の頂点では、上昇と下降が打消し合い、上下方向の速度が0になっている。上手く投げ上げて、軌道の頂点辺りが籠《かご》の位置になるように出来れば、無理なく玉は入るだろう。

同様の考え方で、上手く軌道を設計し、軸がブレないようにロケット本体を回転させたり、止めたりしながら、放物線軌道の頂点である上空で、ロケットが地面と平行になるように姿勢を制御し、第四段ロケットに点火して必要なだけの速度を加えると、そのまま地球周回軌道に入るだろう、という発想である。重力を敵と見て闘う、というロケットの宿命観から一歩踏み出て、重力を味方として、自らの方向転換に利用しようというのである。この意味から、僅か一回の姿勢制御で、ロケットを衛星軌道に投入するこの革新的な手法は、「**重力ターン方式**」とも呼ばれた。

しかし、こうした軌道を成立させる為には、打上げ地点から上空に渡って受ける横風の影響を、完全に計算の中に入れて、打上げ角度を精密に導き出しておく必要がある。しかし、風ほど気紛れなものはない。このことを揶揄して、この手法を無誘導でも、重力ターンでもなく、〝風任せロケット〟と呼ぶ者も居た。ボブ・ディランならもっと洒脱《しゃだつ》に、「答は風に吹かれている(The answer is blowin' in the wind)」と歌うところだろう。

誘導装置の開発には、時間も金も掛かり、特に開発初期には、それが正確に機能せず、ロケット本体を振り回してしまう可能性も高い。そこで「無誘導方式」なる軽業が発想されたわけであるが、糸川と高木にとっては、あの国会での議論が頭から離れなかった、というのも事実であろう。あのカッパロケットでさえ、武器輸出ではないか、ミサイルに転用可能ではないか、と散々に言われたのである。下手に誘導装置を附ければ、またまたこうしたナンセンスな議論に巻き込まれかねない。

我が国のロケットの将来を考えれば、誘導装置の開発は決して避けて通れないが、今は出来る限り早く、安く、自前の衛星を持ちたい。世界で四番目の自力打上げ国として名乗りをあげたい。誘導装置無しでも可能性があるなら、それに賭けることも技術的には意味がある。こうした様々な気持ちが相まって、無誘導による衛星計画は実行に移されたのであろう。その意味では、ラムダは決して〝風任せ〟ではなく、むしろ〝政治任せ〟の、当時の社会状況がもたらした、重荷を背負ったロケットだったのである。

全ては政治であった。ナスダとの棲み分けを図る為には、学術研究用と実用との線引きが必要であった。しかし、何処までが学術で何処からが実用かを示す〝便利な印〟などというものは存在しない。そこで、ロケットの直径が生贄《いけにえ》に選ばれた。助教授・秋葉鐐二郎、大学院生・長友信人、松尾弘毅の三人が、糸川の指示を受けて、人工衛星を上げる為に試算した1.28mに、若干の余裕を加えた「直径1.4m」が、二つの組織を隔てる目印とされたのである。

即ち、宇宙研は学術研究用の「直径1.4m以下のロケット」のみを扱い、ナスダはそれ以上を担当する、と。以後、国会の答弁において、糸川・高木両教授は、この値を寝言のように繰り返し言わされるはめになった。学問的理由でも、経済的理由でも、工学的限界でもない、政治がロケットの直径を決めた。そして、この値はその後20年以上に渡って、宇宙研を締め上げる荆冠《けいかん》となったのである。

3.10 糸川辞任

1965年(昭和40年)、朝日新聞の木村繁記者は米国に行き、NASAの施設を見学すると共に、ジェット機の弾道飛行中に生じる無重力状態を体験して記事にした。そして、帰国後は「本場の宇宙開発」を体験した唯一の新聞記者という立場から、目立った発言をするようになった。

雑誌『科学朝日』において、無誘導ロケットを完全否定し、あれでは人工衛星は上げられない、と断言したのもその一つである。何故、教養学部の科学史科を卒業しただけの一記者が、我が国第一級の専門家集団である宇宙研の計画に対して、こうまで断言出来るのか、その異様な感覚は全く理解出来ない。

学部や職種、実際の経験の有無だけで、その発言を訝《いぶか》るのではない。科学や技術には、藝術同様に、長くその分野で修行しない限り、如何なる天才にも決して身に附かない独特の感覚があり、そうした感覚を有する専門家が、さらに集団で議論を闘わし、その中で、「何を採り、何を捨てるか」を最後の最後まで悩み抜いて、ようやく結論を導くのである。宇宙開発のようなビッグ・サイエンスの場合、特にその傾向は強い。それは、まさに科学的裏附けを持った〝妥協の産物〟であり、入試問題の答のような明朗快活なものではないのである。

NASAで何を学んできたのかは知らないが、恐らくはあちらで仕入れた知識が元になっているのであろう。まさに「虎の威を借る狐」としか表現のしようのない態度である。当時、「無誘導による人工衛星」などというアイデアは、世界の誰も考えもしなかったものであり、糸川グループ以外の誰に聞いたところで、肯定的な返答が得られないことは明らかであった。外部からの批評は極めて重要であり、多方面からもっと多彩に、もっと執拗《しつよう》に行われるべきものであるが、それは専門外の者が持つ〝知的素直さ〟に根差したもので無ければ、全く意味を持たない。借り物の知識自慢など愚の骨頂である。

特に、1967年3月1日から始まった朝日新聞の一連の報道は、明らかに、朝日対宇宙研という団体戦ではなく、木村対糸川という個人の関係に引きずられてのものであった。しかも、社説を含めて五回にも及んだその内容たるや、経理の杜撰《ずさん》さを指摘するに際して、「買っていない部品でも買ったとし、ロケットで打上げたことにしてしまえば、何処にも証拠は残らないだろう」といった調子で、「……らしい」「……ではないか」という憶測や仮説の目立った文章が主であったため、他のマスコミは全くこれに追随しなかった。『記事は某紙の完全な独演で他のマスコミ各紙・各局はこれを黙殺した(週刊サンケイ、1967年12月29日号)』というのが、木村独演会の総括であった。

この時点で、ラムダでの人工衛星への挑戦は、1966年9月26日の「L-4S-1」、同12月20日の「L-4S-2」とも不首尾であった——これは「無誘導」云々という話とは別に、各段の切り離し機構が上手く作動しなかったことによって生じた問題であることが分かっている。

1966年12月20日に打上げられた「L-4S-2」

猛烈な反糸川キャンペーンが、やがては本格的な反宇宙研キャンペーンに転じることを恐れたのであろうか、国会での議論や、マスコミ対応に疲れたためであろうか、3月20日、糸川はアッサリと東京大学教授の職を辞した。まさに同志として活躍した高木所長は、必死で慰留に努めたが、一旦言い出したことを撤回するような人間でないことは、高木自身が一番よく知っていた。研究所のスタッフには、「何を聞かれても、全て糸川が悪いのです、と答えなさい」と言い残して糸川は去った。

糸川は、広く自らの真意を伝える為、当日夜のNHKの生放送に出演して、辞任に至る経緯を語った。ラムダの打上げも近い、関係者に静かな環境で実験に取り組んで貰いたい、という糸川の想いが全国に放送された。

そして、これ以後、我が国の宇宙開発史に、糸川英夫の名前が登場することは一切無い。その身の引き方は、余りにも突然で、また余りにも鮮やかであった。

4月13日、ラムダ4S型三号機「L-4S-3」の打上げは、第三段ロケットに点火せず、またしても衛星投入には至らなかった。そしてこの直後に、降って湧いたような漁業問題が生じ、以後、ロケットは一機も打てなくなってしまったのである。「打上げ日誌」は、延々と白紙のまま続いていた。しかし、こうした手足をもがれたような状況でも、燃焼実験、地上試験だけは粛々と続けられた。再開後の猛烈な実験の進行に備えて、準備だけは怠るな、と皆が懸命に努力を積み重ねていた。

漁業問題は一応の解決をみた。しかし、そこには以前には無かった「打上げ日の制限」が課されていた。一・二月には季節風が、八・九月には台風が襲来する。漁業にとって厳しい季節は、打上げにはなお厳しい。しかも総日数90

日は余りにも少ない。張りつめていたものが、音を立てて崩れていった。その原因が自分達の不始末ではないだけに、遣り切れなさが益々募った。世の流れに反して、「盆と正月は内之浦で」という関係者の奇妙な生活パターンがこの時、始まったのである。

3.11 ポスト糸川時代へ

目の前の人工衛星計画は、こうして延期を余儀なくされた。中国が人工衛星の打上げに躍起になっている、との情報もあった。様々な噂が飛び交っていた。

糸川は去った。高木も体調が思わしくない、定年も目の前である。強烈なリーダーが、全軍を指揮して真一文字に突き進む、という雄々しい時代が終わったのである。

「糸川時代」が終わりを告げ、集団指導体制の「ポスト糸川時代」が始まった。これは、糸川の情熱であり、発想であり、生き方が宇宙研の中に何らかの形で残されている限り続いていくであろう。形式論としては、技術的な面の要求からではなく、安易な妥協や、思慮の浅さから、固体燃料ロケットに別れを告げる時、そこで「ポスト糸川時代」も終わり、これまでとは全く異なった宇宙研の新時代がやってくるのであろう。それが如何なるものになるかは、誰も知らない、想像すら出来ないのである。ただ、希望に充ちた時代となることを祈るのみである。

★ ☆ ★ ☆ ★

ここで、糸川英夫の代名詞でもあった独創性について少し考えてみたい。個人としての能力は言うに及ばず、集団を組織する能力にも長《た》け、役所との折衝にも秀でていた糸川は、如何にしてその多彩な才能を輝かせていたのであろうか。今後、こうした人物は再び登場するのであろうか。はたまた、その必要は無いのであろうか。大いに議論する値打ちがあると思うのであるが、如何《いかが》であろうか。

独創性・創造性とは言うまでもなく、前例の無い所から始まる。少なくとも前例に縛られはしない。しかし、それは突如として降り注ぐ、神の啓示の如きものではない。日々の研鑽《けんさん》から育まれた、ちょっとした発想の転換がそれを生む。百歩の中の「一歩」を異とするのが独創性の正体である。しかるに、その一歩が千里を隔てるのである。

前例が無いならダメだ、と云う役所と、前例が無いからやる、と云う革新者との対立は、何時の場合も深刻である。

前例があれば書類も書け、それらしき予算も組めるが、前例が無ければ書類も、予算もおおよその見当でしか議論出来ない。書類に不備がある、と声高に言う者は、その「一歩」を理解しない。物事を根本に戻って考え直す、という訓練を経ていないからである。前例に縛られ、それをむしろ肯定し、その範囲の中でのみ充足して、新しい発想を受け入れないからである。自分の頭で考えず、他人の頭で考えるからである。

前例とは、自身がそこに安住していない、ということの確認の為にこそ必要なのであって、そこに留まっていることに安心し、心理的な保証を得る為にあるのではない。『私は巨人の肩に乗っている』というニュートンの言葉はその意味である。「どんなに素晴らしいアイデアでも、実現性が乏しければ意味を持たない」という〝もっともらしい発言〟に、振り回される国民が一人増える毎に、国はその若さを失っていくだろう。

もちろん、不可能は可能ではない、しかし可能を可能とせず、出来る出来ないの確率論議に終始して、挑戦する志を失えば、可能すら可能ではなくなる。挑戦しない青年など、もはやその名に値しないことは自明であろうに。

日本人に独創性、創造性が無いなどというのは途方もない誤解である。誤解の発端は、見事に発達した官僚機構に屈した故である。如何なる新規なアイデアも、「前例と書類」という鋳型に嵌《は》めれば、その新鮮さを失ってしまう。それは全てが新しいのではない、「一歩」が違うだけなのだから。泉の如くアイデアが溢れ、それを実現させるに足る能力を持った人物は、今も何処《どこ》かに、確実に居るのである。彼等に不足しているのは発想ではない、前例主義に屈しない交渉力と胆力である。
「科学技術立国」という謳《うた》い文句が、前例踏襲、儲け優先の単なる「産業立国」に堕しては我が国に未来は無い。研究開発の現場が、予算の適正運用という一元的な物差しだけで監視され、国民全体との結び附きが税金だけである、というのでは未来永劫に渡って相互の信頼関係も構築出来ないだろう。信頼と尊敬の無い所に、誇りある仕事は生まれない。評価の規準がそのまま役所の規準では、分厚い書類が幅を利かすだけである。
自らの仕事を肯定する為にも、様々な広報活動、新規な企画がこれからも宣伝されるであろうが、それらは所詮、何時《いつ》か何処かで見たものである。前へ前へと進んでいるつもりが、長く退屈な円環の上でただ踊っているだけ、という愚劣な図が延々と繰り返されてしまうのである。

我が国がまさに〝国際的〟な存在となり、人類文化の先頭に立って、道無き道を切り開いていく為には、率先して前例の無い所に立ち向かい、多くの失敗を経験し、敢えて世界の犠牲となるほどの気概が無ければ、決して尊敬されるに足る存在とはならないであろう。先進国とは、実際にこうした意味での犠牲を払った国のことであり、その精神は過去から現在に渡って、なお続いているのである。そして、尊敬されない国家は必ずや滅亡する、というのが歴史の必然のようである。

糸川英夫の存在は、革新的な技術者であると同時に、前例と闘い、官僚に屈せず、確かに国の方針にまで影響を与えて、今なお続く我が国の宇宙開発の大きな流れを生み出した、という所にその偉大さがある。我々は今こそ「糸川英夫という前例」を踏み越えて、新たな時代の、新たな流れを創造していかねばならない。その為にこそ、糸川の何処が素晴らしく、何処が足りなかったのか、何が出来、何が出来なかったのか、という〝前例〟の徹底的な検証が望まれるのである。

★ ☆ ★ ☆ ★

漁業交渉終結後の1969年(昭和44年) 9 月 3 日、衛星軌道投入を目的とせず、次段階への準備として打上げられた「L-4T-1」も、〝四度目の挑戦〟となった 9 月22日の「L-4S-4」も、共に三・四段目が切り離し後に衝突するという予想外の事態により、衛星にはならなかった。残っていた推進薬が、切り離し後も三段目を加速させたのである――これは、〝宇宙では、可能性のあることは必ず起こるのだ〟という教訓となった。

担当の野村民也教授は、何時しか「悲劇の実験主任」と呼ばれるようになっていた。我が国初の人工衛星の誕生は、さらに翌年に持ち越された。

第II部　天空の詩

第４章

虹の彼方へ、
星の世界へ

4.1 「おおすみ」誕生

悪戦苦闘の日々も、ようやく終わろうとしていた。四度の苦難を乗り越えて、遂に歓喜の時がやってきた。

1970年(昭和45年) 2 月11日、五度目の挑戦、ラムダ4S型五号機「L-4S-5」が打上げられた。カウントダウンの声にも力が入った。第一段点火、轟音《ごうおん》が辺りにこだまする。青い空に紅い炎、そして真っ白い噴煙。男達の夢と希望を乗せて、そして、これまでの悔しさを一気に吐き出すかのように、ロケットは真一文字に駆け上がった。

第二段点火、飛翔径路正常！　第三段点火、飛翔径路正常！　その声は弾んでいた。その声は震えていた。

発射後、カウント303秒。最終段点火コマンド送信！

カウント400、401、402、403、点火！

午後 1 時25分、遂に最終段は衛星軌道に乗った。

「おおすみ」――中央部の球体は第四段ロケットである

内之浦《うちのうら》の視界から消えた後、グアム島の追跡局から「受信」の第一報が入った。日本初の人工衛星がここに誕生した。しかも、ロケットは世界最小、世界一簡便なシステムによる衛星打上げ、というオマケの世界記録まで附《つ》いた。

そこには生涯忘れ得ない本物の感動があった。誰の声も上ずっていた。玉木章夫教授は記者会見に臨み、この衛星を打上げ地に因《ちな》んで「おおすみ」と命名します、と発表した。御世話になった地元への配慮と共に、〝一大学が国を代表するような名前〟は附けられない、という御馴染みの〝裏事情〟もあった。

正式名称は「試験衛星おおすみ」、国際標識1970-11A。軌道遠地点5151㎞、近地点337㎞。総重量23.8kg、先端の計器部は8.9kgであった。試験衛星である為、搭載《とうさい》機器は簡素なもので、電源も第四段部分に蓄積した熱の影響により、僅《わず》かに15時間程度しか持たなかった。

大歓声で迎えた内之浦の人々

思えば色々なことが起こったものである。

ペンシルを打てば、まるでオモチャだとヤジられた。カッパの性能の高さが世界的に注目され、輸出までされるようになると、武器の輸出ではないか、と国会に呼び出された。慎重に、誠実に取り組んできた漁民との友好関係も、アッという間に破壊され、実験が全く出来ない状態になってしまった。一大学の分際《ぶんざい》で、国家を代表した気になるなと言われ、「一元化」を迫られた。本来なら堂々と発表するべき人工衛星計画も、出来る限り慎ましく告知しなければならなかった。経理の問題、組織の運営、人間関係、ありとあらゆることを探られ、記事にされた。そして、糸川は宇宙研を去った。

次に続く本格的なロケット「Mシリーズ」の準備の為に、カッパとラムダを積極的に活用していこう、という糸川の方針に従って、ラムダロケットは整備されていった。しかし、ラムダでも人工衛星は上がる、と分かった時、誰もその計画を躊躇《ちゅうちょ》する者は居なかった。ただ、色々な方面から、色々な圧力が加わるであろうことは、容易に予想出来たので、少々大人の知恵を働かせた。宇宙研も〝青年期〟を迎え、多少はしたたかになっていたのである。

日本が、ソ連、米、仏に次ぐ、世界四番目の衛星自立打上げ国になった、というニュースを、糸川は中東の砂漠をドライブ中に、カー・ラジオで聞いた。走馬燈のように様々な想い出が駆け巡った、涙が止まらなかった。

様々な種類の障碍《しょうがい》が、様々な形で押し寄せ、糸川を、宇宙研の人々を翻弄《ほんろう》した。しかし、そうした中で、一貫して常に温かい応援を惜しまなかった大隅半島・内之浦の人々の厚情は、長く語り継がれるべきであろう。

4.2 星を創る人々：衛星の歴史

宇宙研の快進撃が始まった。自力で蓄積した技術は強い。自分達で考え、困難を克服する術を知っている集団は、一旦歯車が噛み合うと、素晴らしい速度で成長していくものである。先《ま》ずは、〝星を創る人々〟が、これまでに天空に送った衛星の一覧表を見て頂くとしよう。

衛星名称(コード名)	ロケット	打上げ日
試験衛星 おおすみ	L-4S-5	1970.2.11.
試験衛星 たんせい(MS-T1)	M-4S-2	1971.2.16.
第1号科学衛星 しんせい(MS-F2)	M-4S-3	1971.9.28.
第2号科学衛星 でんぱ(REXS)	M-4S-3	1972.8.19.
試験衛星 たんせい2号(MS-T2)	M-3C-1	1974.2.16.
第3号科学衛星 たいよう(SRATS)	M-3C-2	1975.2.24.
試験衛星 たんせい3号(MS-T3)	M-3H-1	1977.2.19.
第5号科学衛星 きょっこう(EXOS-A)	M-3H-2	1978.2.4.
第6号科学衛星 じきけん(EXOS-B)	M-3H-3	1978.9.16.
第4号科学衛星 はくちょう(CORSA-b)	M-3C-4	1979.2.21.
試験衛星 たんせい4号(MS-T4)	M-3S-1	1980.2.17.
第7号科学衛星 ひのとり(ASTRO-A)	M-3S-2	1981.2.21.
第8号科学衛星 てんま(ASTRO-B)	M-3S-3	1983.2.20.
第9号科学衛星 おおぞら(EXOS-C)	M-3S-4	1984.2.14.
試験衛星 さきがけ(MS-T5)	M-3SII-1	1985.1.8.
第10号科学衛星 すいせい(PLANET-A)	M-3SII-2	1985.8.19.
第11号科学衛星 ぎんが(ASTRO-C)	M-3SII-3	1987.2.5.
第12号科学衛星 あけぼの(EXOS-D)	M-3SII-4	1989.2.22.
第13号科学衛星 ひてん(MUSES-A)	M-3SII-5	1990.1.24.
第14号科学衛星 ようこう(SOLAR-A)	M-3SII-6	1991.8.30.
第15号科学衛星 あすか(ASTRO-D)	M-3SII-7	1993.2.20.
第16号科学衛星 はるか(MUSES-B)	M-V-1	1997.2.12.
第18号科学衛星 のぞみ(PLANET-B)	M-V-3	1998.7.4.
第20号科学衛星 はやぶさ(MUSES-C)	M-V-5	2003.5.9.
第23号科学衛星 すざく(ASTRO-EII)	M-V-6	2005.7.10.
第21号科学衛星 あかり(ASTRO-F)	M-V-8	2006.2.22.
第22号科学衛星 ひので(SOLAR-B)	M-V-7	2006.9.23.

附記されているコード名は以下の意味を持っている。

REXS：電波観測衛星(Radio EXploration Satellite)
SRATS：超高層大気観測衛星(Solar Radiation And Thermospheric Structure Satellite)
EXOS：磁気圏観測衛星(EXOspheric Satellite)
CORSA：宇宙放射線観測衛星(COsmic Radiation SAtellite)
ASTRO：天文観測衛星(ASTROnomy Satellite)
MUSES：工学実験衛星(MU Space Engineering Spacecraft)
SOLAR：太陽観測衛星(SOLAR Physics Satellite)

また、宇宙研のロケット以外で、打上げられたものとして「磁気圏尾部観測衛星(GEOTAIL)」「宇宙実験・観測フリーフライヤ(SFU)」「小型科学衛星れいめい(INDEX)」がある——それぞれ、「GEOTAIL：Geomagnetic Tail」「SFU：Space Flyer Unit」「INnovative technology Demonstration EXperiment」の意味である。

宇宙研の衛星は、関係者の投票で命名され、原則として〝ひらがな〟で表記される——具体的に衛星軌道に乗るまでは、それは秘せられ、コード名で呼ばれている。衛星の名前の元々の意味は、漢字表記に戻した方が分かり易い。

おおすみ(大隅)	たんせい(淡青)	しんせい(新星)
でんぱ(電波)	たいよう(太陽)	きょっこう(極光)
じきけん(磁気圏)	はくちょう(白鳥)	ひのとり(火の鳥)
てんま(天馬)	おおぞら(大空)	さきがけ(魁)
すいせい(彗星)	ぎんが(銀河)	あけぼの(曙)
ひてん(飛天)	ようこう(陽光)	あすか(飛鳥)
はるか(遙か)	のぞみ(望み)	はやぶさ(隼)
すざく(朱雀)	あかり(灯り)	ひので(日の出)

命名の理由を少々摑《つか》み難いのは、「淡青：東大のスクールカラー」「朱雀：赤い鳥の姿をした伝説上の宇宙の守護神」などであろうか。

命名の規準は、先ず和語として定着しており、耳で聞いて分かるように同音異義語が少なく、衛星の特徴を表していること。また、英語名としても用いる為に、衛星の特徴を英文で書き、単語の頭文字を抜いて、元の日本語に合うように修正するなど、非常に苦労している。しかし、この苦労は、実際に衛星が打上がることで初めて生じる苦労なので、実は関係者の最大の楽しみともなっている。

★ ☆ ★ ☆ ★

それでは、各衛星の目的と特徴を簡単に紹介しておこう。それは個別の、バラバラのものではない。まるで初めて階段を昇る子供のように、一歩一歩確実に足場を確かめながら昇っていく、その危うげな、それでいて何処《どこ》か頼もしい姿を感じとって頂きたい。過去が現在を支え、未来への展望となるように、計画は少しずつ深化し、複雑化している。今、ごく普通に用いられている技術は、必ず以前の計画の中で培《つちか》われたものである。

ここに自主開発の凄《すご》みがある。歴史の全てが書かれた〝万能の書〟のように、宇宙研の歴史を読み解けば、そこには、過去・現在・未来と、切れ目無く続く宇宙開発の流れが、現実の〝具体的な物〟として残されているのである。

ここでは、先の表のように打上げ順ではなく、衛星の主たる目的に従ってグループ分けをした。

《試験衛星》

●試験衛星おおすみ/L-4S-5：1970.2.11.
目的：科学衛星打上げ計画に向けたL-4S型ロケットによる衛星打上げ方式の確認。
特徴：日本初の人工衛星。最終段のみを姿勢制御して水平に打ち出す「重力ターン方式」を採用していた。

●試験衛星たんせい(MS-T1)/M-4S-2：1971.2.16.
目的：M-4S型ロケットの性能確認、衛星搭載機器の試験。
特徴：軌道投入は重力ターン方式を採用。衛星各部の温度、電源電圧、電流、姿勢、スピンなどに関する豊富なデータを入手。

●試験衛星たんせい2号(MS-T2)/M-3C-1：1974.2.16.
目的：M-3C型ロケットの性能確認、地磁気による姿勢制御試験。
特徴：地磁気トルクによる姿勢制御試験。

●試験衛星たんせい3号(MS-T3)/M-3H-1：1977.2.19.
目的：M-3H型ロケットの性能確認、沿磁力線姿勢安定化の実験。
特徴：コールドガスジェット装置による一連の姿勢制御実験および沿磁力線姿勢制御実験に成功。

●試験衛星たんせい4号(MS-T4)/M-3S-1：1980.2.17.
目的：M-3S型ロケットの性能確認。以後の科学衛星に必要な工学技術の実験ならびに機器の性能試験。
特徴：太陽電池パドルの展開、磁気姿勢制御、ホイール姿勢制御、レーザ反射器による追尾、MPDアークジェットによるスピンアップなどの各種工学実験。太陽フレアの観測など。

●試験衛星さきがけ(MS-T5)/M-3SII-1：1985.1.8.
目的：M-3SII型ロケットの性能確認、深宇宙探査機に関する技術の習得、ならびにハレー彗星ミッションの一員としてプラズマ粒子、プラズマ波動、磁場を観測。
特徴：太陽磁場中性面の存在の発見、太陽風擾乱《じょうらん》と地球磁気嵐との関連研究、太陽風および磁場の観測、最接近時のハレー彗星附近の太陽風磁場、プラズマ活動の観測、太陽風プラズマ波動などの観測——その後も14年間に渡って継続。

●第1号科学衛星しんせい(MS-F2)/M-4S-3：1971.9.28.
目的：電離層、宇宙線、短波帯太陽電波放射の観測。
特徴：日本初の科学衛星。自力での全地球周回観測。以後も引き続き観測の対象となる南大西洋電離層異常のデータを捕捉。

《電波観測衛星》

●第2号科学衛星でんぱ(REXS)/M-4S-3：1972.8.19.
目的：地球の電離層から磁気圏に渡る領域の自然現象の観測。
特徴：高度6500kmに至る領域でのプラズマ密度分布の測定、拡散平衡《へいこう》模型の検証、磁気圏内の電磁波とプラズマ波現象を観測。

《超高層大気観測衛星》

●第3号科学衛星たいよう(SRATS)/M-3C-2：1975.2.24.
目的：太陽放射線と地球熱圏との相互作用の研究。
特徴：南大西洋地磁気異常帯プラズマ現象を観測し、電離層プラズマ研究の切っ掛けを作った。また、西独(当時)の科学衛星、AEROS-Bとの共同研究を行った。

《磁気圏観測衛星》

●第5号科学衛星きょっこう(EXOS-A)/M-3H-2：1978.2.4.
目的：電子密度、電子温度、オーロラ粒子、電磁波動、真空紫外オーロラ像の観測。
特徴：国際磁気圏観測計画(IMS)に参加し、紫外線TVカメラで128秒毎のスナップショットにより北極の環状オーロラを観測(世界初)。

●第6号科学衛星じきけん(EXOS-B)/M-3H-3：1978.9.16.
目的：プラズマ波、VLFドプラー波、電場、磁場、粒子エネルギー分布の観測、プラズマ波動励起実験、電子ビーム放出実験。
特徴：国際磁気圏観測計画(IMS)に参加。プラズマ圏を越えた磁気圏遠方の軌道を取り、オーロラを造り出している粒子の存在する領域を直接観測。プラズマシートとプラズマポーズに生起するプラズマ現象をオーロラ活動と対比させながら解明。

●第9号科学衛星おおぞら(EXOS-C)/M-3S-4：1984.2.14.
目的：中層大気国際共同観測計画(MAP)に参加し、全地球的な中層大気を観測。
特徴：エアロゾルやオゾンの高度分布や緯度分布の測定、赤外領域でのH_2OやO_3などの吸収スペクトルの世界初観測、極域や南大西洋地磁気異常帯上空における降下荷電子粒子・電離層プラズマ・大気の相互作用の観測。

●第12号科学衛星あけぼの(EXOS-D)/M-3SII-4：1989.2.22.
目的：地球周辺空間における巨視的な構造と微視的な物理過程を、各種観測により得たデータから総合的に理解する。
特徴：放射線に強い衛星設計。アンテナ伸展技術を新たに開発。表面の電気伝動度処理、EMC(電磁適合性)対応策などを施した。

《宇宙放射線観測衛星》

●第4号科学衛星はくちょう(CORSA-b)/M-3C-4：1979.2.21.
目的：X線バーストの観測と新しいバースト源の発見、X線放射の強度の時間変動の観測、広帯域スペクトルの測定、新しいX線源の出現や光度変化の常時監視。
特徴：中性子星と、その周辺での極限的環境で起こる現象の研究。「すだれコリメーター」によりX線バーストを多数発見、X線パルサーの周期の異常変化やブラックホール候補のX線星を観測するなど6年間活躍し，国際的に高い評価を得た。

《天文観測衛星》

●第7号科学衛星ひのとり(ASTRO-A)/M-3S-2：1981.2.21.
目的：硬X線像の観測を中心とした太陽フレアの多角的観測。
特徴：日本初の太陽観測衛星。硬X線望遠鏡によるコロナ中の大規模硬X線源、非熱的性質を持たないフレアの存在、ブラッグ分光器による3千万度以上の超高温プラズマの発見など、多くの成果を挙げた。

●第8号科学衛星てんま(ASTRO-B)/M-3S-3：1983.2.20.
目的：中性子星に関する研究の推進、X線天体の精密観測。
特徴：4種類の観測装置を搭載し、多数のX線源からの鉄の特性X線の発見や銀河面に沿って存在する高温プラズマの発見、X線バーストやX線パルサーからの吸収線の発見や降着円盤からのX線放射の同定など、多数の成果を挙げた。

●第11号科学衛星ぎんが(ASTRO-C)/M-3SII-3：1987.2.5.
目的：大面積で高感度の比例計数管を搭載、中性子星やブラックホールを始めとする、X線を放射する様々な天体の観測。
特徴：大マゼラン雲の超新星からのX線観測(世界初)。天の川に沿った超新星の残骸、暗黒星雲の芯に隠れている高温プラズマ、セイファート銀河中心核の激しい変動、宇宙の果てのクエーサーからの鉄輝線放射などを発見し、全天体がX線を放射していることを実証。

●第15号科学衛星あすか(ASTRO-D)/M-3SII-7：1993.2.20.
目的：宇宙の化学的進化の解明。ブラックホールの検証。宇宙における粒子加速の場所の確認。暗黒物質の分布と全質量の決定。宇宙X線背景放射の謎の解明。X線天体と深宇宙の進化の研究。
特徴：「ぎんが」「ようこう」により蓄積された様々な衛星技術を

応用。さらに「あすか」に要求された性能を満たす為に、「精密位置制御」と日本独特の「伸展式光学台」を新しく開発した。

●第23号科学衛星すざく（ASTRO-EII）/M-V-6：2005.7.10.
目的：X線・ガンマ線による高温プラズマ、宇宙の構造と進化、ブラックホール候補天体と活動銀河核の広帯域のスペクトル研究。
特徴：5つの軟X線検出器と1つの硬X線望遠鏡を搭載。軟X線望遠鏡は、5つのX線反射鏡（XRT）と5つの焦点面検出器（4つのXIS検出器と1つのXRS検出器）から成る。

●第21号科学衛星あかり（ASTRO-F）/M-V-8：2006.2.22.
目的：赤外線による天体サーベイを目的としているが、その最大のものは「銀河の形成と進化過程の解明」「星形成、及びその周りでの惑星形成過程の解明」である。
特徴：液体ヘリウム及び機械式冷凍機を用いた冷却望遠鏡とそれを維持するクライオスタットから成るミッション部、姿勢制御やデータ送受信など衛星維持の為のバス部から構成されている。

《惑星探査機》

●第10号科学衛星すいせい（PLANET-A）/M-3SII-2：1985.8.19.
目的：ハレー彗星探査計画に参加し、太陽風と彗星の電離大気との相互作用の観測と、紫外線による彗星の水素コマの撮像。
特徴：76年ぶりに回帰したハレー彗星の国際協力探査計画。紫外撮像によるハレー彗星の自転周期、水放出率の変化の測定、ハレー彗星起源のイオンが太陽風に捉えられた様子など多くの成果を挙げた。世界の探査機群は「ハレー艦隊」と呼ばれた。

●第18号科学衛星のぞみ（PLANET-B）/M-V-3：1998.7.4.
目的：火星の上層大気を専門に研究する、世界初の探査機として計画された。火星磁場の精確な観測、大気の組成や構造を調査。火星電離圏の組成、構造、温度、プラズマ波の調査。火星の天気や2つの衛星（フォボス、ダイモス）の撮影。
特徴：毎分7.5回のスピンで姿勢の安定を保つ。総重量541kg、燃料を除いた探査機の重さは256kg。14種の観測機器の重さは35kgである。残念ながら火星軌道へは投入出来なかった。

《太陽観測衛星》

●第14号科学衛星ようこう(SOLAR-A)/M-3SII-6：1991.8.30.
目的：太陽活動極大期の太陽大気(コロナ)及びそこで起こる太陽フレア爆発等の高エネルギー現象の高精度観測を行う。
特徴：超高温のコロナを撮像観測する軟X線望遠鏡、フレア爆発に伴って生成される高エネルギー電子からの放射を捉える硬X線望遠鏡など、互いに相補的な4種類の観測装置が搭載された。

●第22号科学衛星ひので(SOLAR-B)/M-V-7：2006.9.23.
目的：世界で初めて、太陽磁場の最小構成要素である磁気チューブを空間的に分解して、磁場ベクトルを3次元的に測定する。
特徴：超高解像度光学系及び検出器。超高分解能X線撮像技術。宇宙環境に耐える偏光器、2000×2000画素CCD。衛星上の画像圧縮技術。0.1秒角精度の衛星姿勢制御・太陽追尾機能。

《工学実験衛星》

●第13号科学衛星ひてん(MUSES-A)/M-3SII-5：1990.1.24.
目的：惑星探査など将来の宇宙探査に必要なスイングバイ技術を習得する宇宙工学技術実験。
特徴：10回の月スウィングバイや高度120㎞の地球大気によるエアロ・ブレーキ実験に成功し、軌道操作の基礎技術を習得。月周回軌道へ孫衛星「はごろも」を投入。

●第16号科学衛星はるか(MUSES-B)/M-V-1：1997.2.12.
目的：軌道上の電波望遠鏡と地上の大型アンテナの協力による高精度での電波天体の観測(VSOP計画)。さらに、活動銀河核(AGN)の高解像度の撮像。異常な明るさをもつ天体の構造変化の観測。AGNの赤方偏移と固有運動の関係、等々。
特徴：大型アンテナの展開技術。高感度の搭載受信機。高精度の三軸姿勢制御。超広帯域、高安定のデータ送信技術。高精度の衛星軌道決定。これらは全てスペースVLBI観測に必要な新技術であり、そのほとんどが本機において世界で初めて実現した。

●第20号科学衛星はやぶさ(MUSES-C)/M-V-5：2003.5.9.

4.3 虹を掛ける人々：アイサスの翼

続いて、ロケットの開発史に移ろう。「おおすみ」の打上げ以降、打上げシステムの基軸は、ミューに移っていった。そして、現在の主力機である「M-V ロケット」に至るわけであるが、こちらも先ずは図を一覧して頂こう。

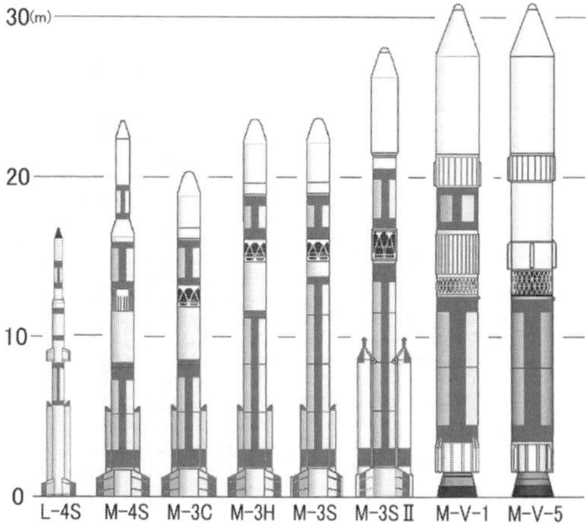

ミューの原型は「**ミュー4S型(M-4S)**」であり、これは先行する「ラムダ4S型(L-4S)」の成果を受けて、地上系と発射作業の全体を含めた「M ロケット」による衛星打上げシステムの確立を目指した試験的なものであった。

	L-4S	M-4S	M-3C	M-3H	M-3S	M-3SII	M-V-1	M-V-5
全長(m)	16.5	23.6	20.2	23.8	23.8	27.8	30.7	30.8
直径(m)	0.735	1.41	1.41	1.41	1.41	1.41	2.5	2.5
重量(ton)	9.4	43.6	41.6	48.7	48.7	61	139	140.4
打上げ能力(kg)	26	180	195	300	300	770	1800	1850

ロケットとその諸元

続く「**ミュー3C型(M-3C)**」では、第二段に「**推力方向制御装置**(TVC：Thrust Vector Control)」が導入された。これによって、ロケットの誘導制御技術が飛躍的に向上し、風の影響を消去して、希望の軌道に衛星を投入することが可能となった。また、質の改善により、三段式でありながら、四段式のM-4Sを越える重量のペイロード(payload：衛星などの搭載物)の打上げが可能となった。
「**ミュー3H型(M-3H)**」は、量の改善を図り、第一段を4/3倍にすることにより、M-3Cのさらに1.5倍のペイロードが運べるようになった。
「**ミュー3S型(M-3S)**」は、再び質の向上を目指して、M-3Hの第一段にTVCを導入した。
「**ミュー3SⅡ型(M-3SⅡ)**」は、我が国初の惑星間軌道への衛星投入を目指したもので、補助ブースターを含め、第一段以外は全て新設計となった——従って、最も名称の類似したM-3S、M-3SIIの二機種が、その設計思想において最も異なる。これにより重量は、M-3Sの二割増しになったものの、2.5倍のペイロードが積載可能となった。

そして、「ミュー計画」の仕上げを目指して作られたのが、三段式の新世代ロケット「**ミューⅤ型(M-V)**」である。これは長らく開発陣を悩ませてきた、宇宙研のロケットは「直径1.4m」まで、という規制の解除に伴い、世界の宇宙開発の現状に照らして、新たに「直径2.5m」の全段固体燃料ロケットを開発する、という大方針に従って設計されたものである。

さて、『ローマは一日にして成らず』とはしばしば用いられる格言であるが、こうして衛星及び打上げロケットの一覧を見ていると、まさにこの言葉が頭を過ぎっていく。

何度も繰り返し述べてきたように、宇宙研が「理工一体」による〝自給自足体制〟を築いて研究活動を行って来た、そのメリットが存分に発揮されている。基本的には工学の分野に属する打上げシステムの改良と、理学に属する探査機の目標設定が、実に上手く嚙み合っているのである。

仮に宇宙研が衛星の打上げを、外部に頼るような形に組織が変えられた場合、このメリットは完全に失われる。それは仕様書を越えたレベルでの、人間同士の連繫《れんけい》があって初めて為せる技だからである。技術者と技術者が、〝自らの手でバトンを渡す〟ということが大切なのである。

打上げられる衛星は、過去の全ての開発、実験の成果を活用しており、習得した技術が次の設計、次の開発に直《す》ぐ採り入れられている。過去の計画の如何《いか》なる失敗も成功も、その全てが取り込まれ、まるで生物進化の過程を見るかのような〝命のリレー〟がそこに現れている。こうした流れの中で、次のミッションが企画されているのである。

以上は、理工学研究に従事する者にとっては馴染みのある話ではあるが、宇宙研に顕著であるのは、人類未踏の領域に、最初から〝独自路線〟で真っ向勝負した点にある。参考になるのは、自分達の〝過去〟しかなかったのである。「はやぶさ」を語り、その打上げロケットを語るのに、宇宙研の歴史の全体を語らざるを得なかった所以である。

宇宙研が、固体燃料ロケット一筋に、今日まで開発を続けてきたことは、ペンシル以来の〝運命的〟なものがある。出力調整の出来ない固体燃料で、衛星を上げ、遂に惑星間軌道へも進出した。これはまさに我が国独自の技術であり、その繊細で華麗な〝仕上げ〟は、もはや藝術品のレベルにあると云えよう。従って、固体燃料によるロケット開発は、その限界を見極める為の孤独な闘いであると同時に、我が国固有の一つの〝文化〟ともなっている。中でも

M-V は、宇宙研の歴史の象徴ともいえる作品なのである。

4.4　荊の冠を外して

国の宇宙開発の方向性を定める為に、1968年(昭和43年)に設置された「宇宙開発委員会」は、1978年 3 月に「宇宙開発政策大綱」を発し、それは以後、1984年 2 月、1989年(平成元年) 6 月、1996年 1 月と改訂されて、現在に至っている。この1989年の改訂版を論拠として、宇宙研は「直径2.5m」のロケットの開発を開始した。ようやく一つの〝規制緩和〟が為された。長く締め附けられてきた〝荊《いばら》の冠《かんむり》〟は外されたのである。

開発は明くる1990年から開始され、当初1995年の打上げを目標にしていたが、慢性的な予算不足と、使用を予定していた素材の強度不足が明らかになったことから、実際の開発は約一年間遅れた。さらに、軌道制御の鍵となる「**光ファイバージャイロ(FOG**：Fiber Optical Gyro)」に規定以上の偏差が生じることが分かり、その対策の為に半年が費やされた。しかし、全くの新規開発であったことを考えると、この程度の遅れは許容の範囲であり、むしろ予想外の状況を冷静に判断し、改善を施《ほどこ》して、順に問題を解決していったスタッフの手腕に驚かされる。

そして1996年秋、遂に新型ロケットは完成した。

ロケットのサイズが大きくなれば、様々な部分に全く新しい問題が発生する。これまでの経験が活かされ、既存の技術で処理出来る部分も多いが、その一方で〝相似形〟では済まない本質的な問題も生じてくる。姿形は幾何学で描けても、機能は物理法則の制約を受けるのである。

例えば、身長10mの人間を考えた場合、我々と同じ心臓のメカニズムを採用していたのでは、血液は頭部まで上がらない。身長が二倍になれば、体表面積は四倍になり、体重は八倍になる。面積は二乗で、体積は三乗で変化するのである。骨も筋肉も発汗の仕組も、改めなければならない。ビルの上に頭を出すウルトラマンや怪獣が大暴れ出来るのは、画面の中だけの話である。

ロケットが新しく、大きくなったことで地上支援設備も改修された。内之浦の施設の中でも最も海岸寄りにある「M台地」の「Mロケット発射装置」は、1982年に、M-3S・M-3SII型用として設置されたものであるが、1995年、M-Vロケットに対応するように作り替えられた。

重量にして二倍以上大型化したロケットに対応する為には、大規模な見直しが望まれたが、予算面を考慮して既存の設備の有効利用が図られた。〝田舎旅館の改装〟もどきの、切ったり張ったり伸ばしたりが、懸命に行われた。

11階建ての内部構造を持った新・整備塔は、高さ47m、幅18m、奥行き16.7m、総重量1000ton。最上階に設置された50ton天井クレーンでロケットを吊上げ、内部で各段を組合せてランチャに据え附ける。ランチャの高さは36m、幅1.2m、長さ2m。発射上下角は78度〜90度の範囲で選べる。ロケット組立時には鉛直《えんちょく》方向よりさらに2度だけ回転して、作業に適切な間隔を取るように工夫されている。回転速度は連続可変で、最高20度/分、である。発射方位角としては、北を規準に＋85度〜＋150度の範囲で選択出来る。ランチャそのものの作動範囲は、＋85度〜＋276.8度、旋回速度は連続可変で、最高5度/分、である。

宇宙研では、保安面での配慮から、ロケットが一刻も早く海上に出るように、斜め打上げ方式を採用している。また、これはペンシル以来の〝伝統〟でもある。

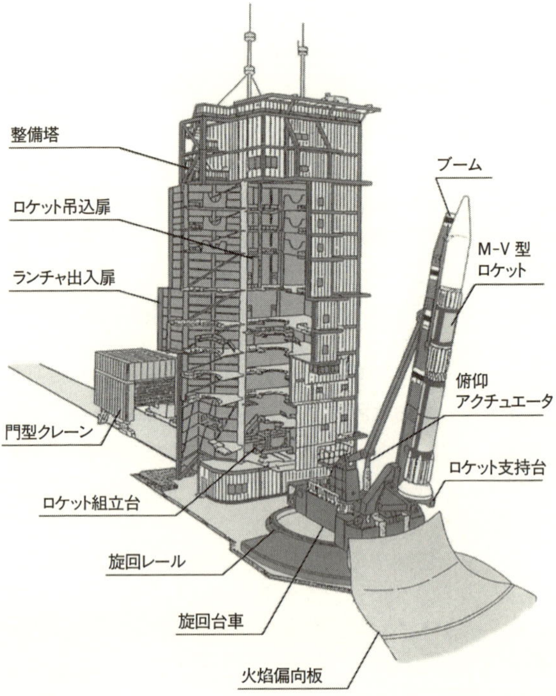

ランチャに据えられて、整備塔内で最終的な点検を受けたロケットは、そのまま台車上を旋回して、外部に出される。その後、大扉が閉められ、ランチャが所定の角度に傾けられて、ロケットの発射準備が完了するのである。一時間弱を要するこの一連の作業は、見ている者を例外なく興奮させる。アニメ、SFの世界が目の前にある感覚である。

そして、何より磨き上げられたロケットの美しさは格別である。次の瞬間に消えて無くなる儚《はかな》さを奥に秘めて、屹《きっ》立《りつ》しているその姿は感動的である。M-V の開発と、自身の研究生活が同時にスタートとしたという「M-V ロケット・プロジェクト・マネージャー」の森田泰弘教授は、このロケットを〝かわいいなあ〟と表現している。また「私は M-V を育てたのではなく、M-V に育てられたのである」との発言もある。こうした表現こそ、まさに〝人機一体〟となって開発に打込んでこられた証であろう。M ロケットは〝人の和〟によって、打上げられるのである。

改修済みとはいえ、流石《さすが》に内之浦の主要施設だけあって、整備塔には相当に年期が入っている。特に、1700kgを載せるエレベーターは凄まじく、各階に止まるたびに強度の〝シャックリ〟を起こすことで有名である。仮に、1階からラーメンを運んだとすると、各停のエレベータが最上階についた時には、恐らく鉢の中には麺しか残っていないだろう——当然、内部は飲食禁止である、念のため。

4.5 世界最高の固体燃料ロケット

苦心の傑作、新型ロケットがその能力を示す時がやって来た。MUSES-B を搭載した初号機「M-V-1」は、1997年2月12日午後1時50分に打上げられた。ロケットは自らの責務を見事に果たし、独り海中に没し去った。衛星は「はるか」と名附けられた。

その後「はるか」は、宇宙空間で見事にアンテナを拡げ、地上の電波望遠鏡と連繋することにより、「3万kmの瞳」を形成し、遙か彼方の星々から飛来する電磁波を捉えて、世界の電波天文学を著しく進歩させた。プロマネの平林久教授は、打上げ数ヶ月前から、極度の緊張によって味覚を失った。何を食べても、砂を噛むようであった。その状態は、「はるか」が完璧な動作を開始した後も、しばらくの間続いたという。世界初の花瓣《はなびら》のように展開するアンテナと、新型ロケットの組合せである、如何に関係者が全力を挙げ、可能な限りの努力を傾注したとしても、それでもやはり心配のタネは尽きないのである。

続く二号機は、月探査機「LUNAR-A」の開発の遅れによって後に回され、三号機が先に打上げられることとなった。1998年7月4日午後3時12分、「M-V-3」は、火星探査機「PLANET-B」を見事に打上げた。衛星は「のぞみ」と名附けられた。

連続の打上げ成功により、ロケットの性能の高さ、素性の良さも証明されて、意気の上がった開発陣ではあったが、誠に残念ながら、2000年2月10日午前10時30分に行われた四号機「M-V-4」の打上げでは、第一段ノズルのグラファイト材焼損という思わぬ事故に遭遇し、X線天文衛星「ASTRO-E」ともどもこれを失うこととなった。

宇宙研においては、ロケットは単なる打上げ手段ではなく、それ自体が研究の対象である。従って、現状に満足することなく、より高性能で、より安全確実な〝宇宙への窓口〟となるよう、常に改良が施されている。果敢な挑戦は、時として裏目に出ることもある。しかし、その精神を忘れては進歩が無い。四号機で生じた問題を徹底的に洗い出し、さらに細部を磨き上げて、新しい「M-Vシリーズ」とも呼ぶべき五号機、「M-V-5」が完成した。全長30.8m、直径2.5m、全重量140.4ton、打上げ能力1850kgの三段式ロケットである。遂に「はやぶさ」を惑星間軌道に運ぶロケットが完成したのである。

ここで、M-V-5の各段の諸元《しょげん》を紹介しておこう。先ず、各段のサイズは以下の通り——なお、第三段は「伸展ノズル」を採用しており、数値はその伸展後のものである。

段数	第一段	第二段	第三段
全長（m）	30.8	17.2	8.6
直径（m）	2.5	2.5	2.2
質量（ton）	140	55	16

次に、各段の固体ロケットモータに関するデータは

段数	第一段	第二段	第三段
名称	M-14	M-25	M-34
全長（m）	13.73	6.61	4.29
質量（ton）	83	37	12
推力（kN）	3760	1520	337
ケース材料	HT-230M HT-150	CFRP (FW)	CFRP (FW)
推進薬	BP-204J	BP-208J	BP-205J
質量（ton）	72	33	11
燃焼時間(s)	51	62	94

名称は、先頭のMがミュー、次が段数、最後が開発番号を表しており、例えば「M-25」とは、ミューロケット用の、二段目で、五番目に開発されたモータという意味である。

推進薬の重さを除いたモータ正味の重さは、段の順に、11、4、1トンとなる。ちょうど大型、中型、小型のトラックに積載出来る程度の重さである——これに加えて、116トンの推進薬が積まれるわけであるから、〝ロケットの大半は燃料〟だということが、非常によく分かるだろう。

Mロケットは、空気抵抗を極限まで減らし、一切の無駄を省いた「無尾翼《むびよく》」の洗練されたスタイルと、それを支える高度な誘導制御技術で、我が国の宇宙開発の底力を見せつけた。まさに〝世界最高の固体燃料ロケット〟の名に恥じない傑作となった。開発責任者は、これぞ〝無翼の勝利〟と得意満面で、まるで殿様のように高笑いした。

★　☆　★　☆　★

さて、ここで固体燃料ロケットと、液体燃料ロケットの長所と短所を、今一度まとめておこう。

先ず固体燃料ロケットの場合、燃料タンクがそのまま燃焼室になり、液体燃料の場合のように燃料を供給する為のポンプや配管など、複雑な機械システムを必要としないので、全体の構造が極めて簡単になる。また、燃料そのものも常温で扱える。保存性の良さは抜群である。

以上の特性は、打上げ用ロケットとして、非常に大きなメリットとなる。科学実験、探査を行うロケットの場合、打上げ時刻は、惑星の運行などの自然現象に照らして決められる。その時間幅のことを「窓」、或いは「ウインドウ」と呼ぶが、「はやぶさ」の場合でも、与えられたエネルギーの範囲の中で、「窓」は30秒程度しか開かなかった。

ロケットにも、探査機本体にも、充分な余力があれば話は変わるが、燃料を常に冷却し、直前になって注入する必要のある液体燃料ロケットでは、一般に「狭い窓」に対する作業は非常に難しいものとなる。固体燃料は、「即射性」の面で極めて有利な特徴を持っているわけである。

その一方で、着火したら最後、消火する方法も、燃焼を抑える方法も存在しない固体燃料の制御は、極めて難しい。また、燃焼時の振動や音響が凄まじく、それは搭載機器に特別の防御対策を要求するレベルである。さらに、燃料の性能が液体に比べて低く、大型化しにくい等々、大きな短所も持っている。

液体燃料の場合、燃料タンクと燃焼室を結ぶ配管にバルブを加えるだけで、燃焼状態を自由に制御することが出来る。燃料の性能も高く、大型化も容易である等々、確かに現在のロケットの主流となるだけの長所が揃っている。短所は、ちょうど固体の場合の逆であり、機械的な構造が複雑で、燃料の保管が難しいことなどが挙げられる。

このように、両者は一長一短であるが、現状では大型ロケットには全て、液体燃料が用いられている。

ロケットの推進機関は、燃焼に必要な酸素が無い宇宙空間での稼働を前提としているので、必要な酸化剤を自前で持たねばならない。これが、空気のある領域を飛行する為に、燃料のみを搭載し、酸化剤を持つ必要がないジェット機の推進機関との決定的な違いである――〝ジェット(jet)〟は、英語でも日本語でも、日常的に〝噴射〟の意味で用いられる言葉なので、「ロケットのノズルから出るジェット」などという表現が成り立ってしまい、両者を混同する場合が多いようである。

その燃料と酸化剤を別々に、液体の形で利用するものが「液体燃料」であり、双方を混ぜて固形化したものが「固体燃料」である。酸化剤を用いて燃料に化学反応を起こさせ、高温高速のガスを後方に排出させることで、推進力を得ている点では、両者は全く異ならない。この意味で、固体、液体共に「化学燃料ロケット」とまとめる場合がある。

宇宙研のＭロケットは、固体燃料を用いたロケットとしては、世界最大規模であり、また地球低軌道から惑星間軌道に至るまで、完全な誘導制御の下、的確に衛星を運ぶ能力を持った唯一のものである。かつて、それは世界中が〝不可能〟と、一笑《いっしょう》に附《ふ》したものであった。また、固体燃料の欠点を克服する為に、様々な工夫が為されており、そのどれもが我が国科学・技術の最新の成果を注いだ革新的なものとなっている。

4.6　構造と特徴

続いて、各部の構造と特徴について紹介する。各段ごとに分け、用語の説明が、そのまま内容を示すようにした。

4.6.1　第一段

第一段(1st.Stage)は、「M-14ロケットモータ(1st.motor)」「後部筒(Aft tube)」、及び「1/2段接手(1/2 stage joint)」から成っている。

モータ部は、外側のマーク「M-V」の下を境に二等分されており、一つの長さは5.5mである——両者は180本のボルトにより結合されている。モータケース胴部には、M-V用に新たに開発された「高張力マレージング鋼HT-230M」を用い、鏡部(両端の球状部)には「HT-150鋼」を使用している。

普通のゴムのようにしか見えない「固体燃料」

推進薬は、高燃速ポリブタジエン系のもので、ケース中央部に「七光芒《こうぼう》(放射状の7本のスリット)」の型を挿入した状態で流し込み、固まる直前にそれを抜いて空隙《くうげき》を作る、所謂《いわゆる》〝鋳込《いこみ》手法〟で作られている。

実際の燃焼は、最奥部の点火器から始まり、中央部を伝って次第に外へと拡がっていく「内面燃焼方式」であるが、この時、単純な円筒形の型抜きでは、燃焼面積が時間の経過と共に一方的に増大し、一定した推力が出ない。そこで、燃焼開始時から終了時まで、燃焼部分の表面積の変化が、出来る限り穏やかになるように、様々な形状の「型」が工夫されているのである。

ノズルの制御

通常、最も簡単な運動の解析は、物体の重心にのみ着目し、それを一つの点と見做《みな》して扱うことであるが、この手法では、回転を含む現象を記述することが出来ない。

そこで一般に、「回転を伴う大きさのある物体」の運動を解析する場合には、重心点の移動に関する三要素と共に、「ロール(roll)」「ピッチ(pitch)」「ヨー(yaw)」と呼ばれる三軸――ロケットの場合、その対称軸とそれに直交する二軸――に関する回転要素を加えることで、その六自由度(並進3+回転3)の運動を表現している。

これを車の運動を例にとって表現すれば、「ヨー」とはハンドル操作による左右に対応し、「ピッチ」とはアクセル・ブレーキ操作に基づく上下に対応し、「ロール」とは〝不幸な横転〟に対応する回転軸を意味している。

M-V-5以降は、全段ともピッチ、ヨー方向の姿勢制御を、「**可動ノズル式推力偏向制御(MNTVC**：Movable Nozzle Thrust Vector Control)」によって行っている。尾翼を持たない「M-V」には、積極的な三軸制御が必要なのである。

特に第一段ノズルは約2トンの重さがあり、しかも大気の厚い層を飛行するので空気抵抗も大きく、これらに対抗してノズルを動かす為には、約40トンの力が必要となる。

こうした大きな力を、ロケットの限られた空間の中で生み出す為に、「**油圧アクチュエータ**」が採用されているのであるが、ここで必要な約200気圧の油圧は、「**ホットガスタービン**」という方式によって作られている。これは、リフトオフ15秒前より、主エンジンとは別の固体燃料に点火し、そこから生じる高温高圧のガスをタービンに送って、羽根車を毎分7万回転という高速で回して得られるものである。発射直前にロケット下部から立ち昇っている黒煙は、この燃料によるものである。

システムは全体で約500kg程度であり、同等のシステムを電動で行った場合には、数十トン規模のものとなることから、ロケットの軽量化に大いに貢献している。なお、二段目、三段目のMNTVCは、それぞれ10トン、1トン程度の力で充分なので電動である——二段目は、200Vの熱電池により駆動される大型電動モータが用いられている。

第一段目の「後部筒」は、発射直前までランチャの末端「シュラウドリング」上にあって、全機体重量を支えているが、その役目の他に、上記のMNTVC装置、テレメータ、計測機器、電源などが収められ、第一段計器部となっている。さらに、その外周には、第一段目の「ロール方向」の制御の為に、「**ロール制御用固体モータ**(**SMRC**：Solid Motor Roll Control)」が合計で16基搭載されている——二段目では2基。

段間分離方式

空気の厚い層に打ち勝って獲得した第一段での速度を失

わずに、第二段に持ち越す為には、下段側の推力が充分に下がっていない状態で、両者の切り離しと、上段の点火を同時に行うことが効率的である。これを「ファイア・イン・ザ・ホール(FITH：Fire In The Hole)」方式と呼ぶ。

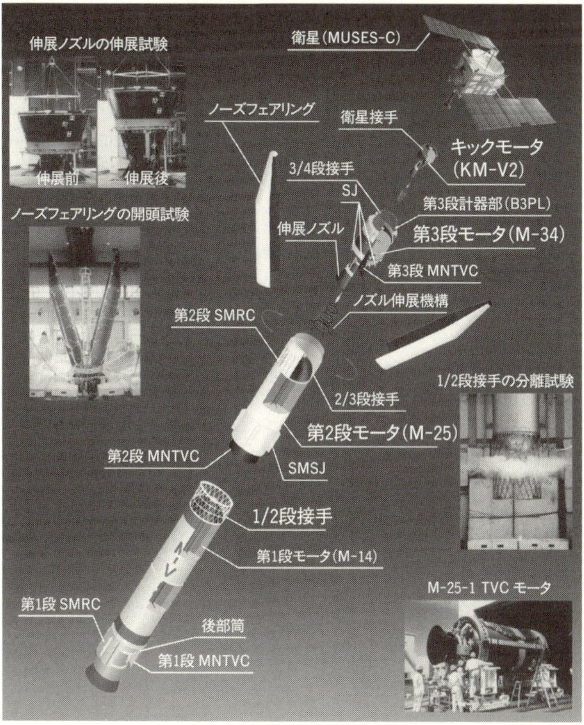

M-V の「1/2段接手」ではこの方式を採用し、一段目が二段目の障碍物となって、ノズル内に非対称な流れを誘発したり、噴射が両者の間に滞留して、予測の難しい横向きの力が生じたりしないように、側壁を網目状にして、流れを外側に誘導するなどの細かい工夫が為されている。

また、分離そのものは、一ヶ所に集約された「**可撓式《かとうしき》V成形爆破線**(FLSC：Flexible Linear Shaped Charge)」を用いた全周溶断により行われる。これは、要するにロケットの周囲に沿って配置された「V字型断面を有する紐《ひも》状の爆薬」であり、爆発時に生じる高温高圧の噴流により、接合部分の要所を一気に焼き切ってしまうものである。

4.6.2 第二段

第二段(2nd.Stage)は、「**M-25ロケットモータ**(2nd.motor)」「**2/3段接手**(2/3 stage joint)」、及び「**ノーズフェアリング**(Nose fairing)」から成っている。

モータケースは第一段と同様の設計であったが、「M-V-5」より変更されて、「**炭素繊維強化プラスチック**(CFRP：Carbon Fiber Reinforced Plastics)」を用いた「**フィラメント・ワインディング法**(FW：Filament Winding)」により製作されている。ここで用いられているのは、炭素繊維強化エポキシ樹脂を、金型にグルグルと巻き附けて、硬化後にそれを引き抜いて成型する手法である。

ノズル周辺には姿勢制御用の「**サイドジェット用固体モータ**(SMSJ：Solid Motor Side Jet)」が4基搭載されている。「2/3段接手」内部には、第三段のノズルを収容する他、タイマ、テレメータ送信機、コマンド受信機、レーダトランスポンダ、電源などの機器を収容して、第二段計器部と成っている。その外部にはロール制御用のSMRCが2基搭載されている。接手の分離機構は、上下段を組合せて出来た凸《とつ》部を、「コマ」と称する凹《おう》部品が挟み、全周を薄い金属バンドで締め上げたもので「マルマンバンド(Maruman Band)」と呼ばれている。

接手上部は、アルミのハニカム構造体をCFRPでサンドイッチにしたノーズフェアリングである。その表面には、遮音対策としてコルクが貼り附けられている——打上げ時の雨が、大きな問題となる理由の一つは、コネクタで接続された電気機器であるが、もう一つの問題は、コルクが水を吸収すると、遮音効果が減ずる点にある。

4.6.3 第三段

第三段(3rd.Stage)は、「**M-34ロケットモータ(3rd. motor)**」である。M-34は「伸展ノズル」を採用しており、元の全長である3.61mが、伸展後4.29mとなる——以下に示すように、ミッションの内容によっては「3/4段接手」が加えられる。

点火方法は、ノズル内に搭載された点火器による「後方着火方式」を採用して推進薬充塡《じゅうてん》率を高めており、点火後は装置一式が後方に向かって排出される為、伸展ノズルの展開状況を撮影している第二段のカメラが、これにより破壊されている。

モータケース、及びMNTVCは二段目と同様である。

ノズル周辺には、ロール方向を含む三軸制御確立の為に、ヒドラジン(N_2H_4)を推進薬とする「**サイドジェット(SJ：Side Jet)**」が搭載されている。

誘導システム

モータの肩部は第三段計器部であり、慣性航法誘導装置、姿勢検出器、テレメータ送信機、コマンド受信機、レーダトランスポンダ、計測装置、集中電源などが搭載されている。M-Vロケットは、この「**慣性航法誘導装置(ING：Inertial Navigation Guidance)**」によって、第一段から第三段までの三軸の姿勢制御を統括的に行っている。

その基礎となるのが、機軸に固定された光ファイバージャイロ(FOG)である。宇宙空間に対して一定の方向を維持するように、三軸が自由に回転する台座にジャイロを固定して値を取る方式(安定プラットフォーム方式：stable platform system)の場合、取得した値をそのまま利用出来る有利さはあるが、台座の機械的な信頼性の面で問題がある。一方、ジャイロを機体に固定(ストラップダウン方式：strap down system)して利用する場合、機械的な信頼性は向上するが、即時に多量の座標変換を計算機によって行う必要があり、計算機の能力の面で問題があった。

先にも紹介したように、FOGは機械的な動作部分を全く持たず、非常に高い信頼性が期待出来る装置であるが、ロケットの誘導装置としては、精度に若干の問題があり、採用に至るまでには様々な課題を克服する必要があった。動作原理は、「光速度一定の法則」を理論の軸とするアインシュタインの相対性理論に基づいており、具体的には、全長1kmを越える環状ファイバーの中に、二方向から光を通し、装置の回転運動によって生じる光路差――これを「サニャック効果(Sagnac effect)」と呼ぶ――を、光の干渉現象として取り出すものである

M-Vでは、計算機の高速化、信頼性の向上を受けて、「**姿勢基準装置**(**IMU**：Inertial Measurement Unit)」を新しく開発し、FOGによる機上での航法誘導演算を行って、機体を目標軌道に誘導し、姿勢を制御することに成功した。

なお、第一段のノズル周辺の変化を、第三段で計測――両者は20m近く離れている――して制御を行うよりも、その場で測った値を反映させた方が、システム全体の安定性に貢献するので、第一段後部筒部位には、別途「角速度センサ(レートジャイロ)」が搭載されている。

★　☆　★　☆　★

以上の三段で、地球周回250km軌道上に、1850kgの衛星を打上げることが出来るが、さらに「**キックステージ(Kick Stage)**」と呼ばれる第四段を加えることにより、金星や火星などの近地球惑星に向かう軌道上に、500kg程度の探査機を送り込むことが可能となる。

「M-V-5」の場合、第四段となる「キックモータ(Kick motor)」は「**KM-V2**」で、三段目と同様の伸展ノズルと「衛星接手(Satellite joint)」を有し、第三段とはマルマンバンド型の「3/4段接手」により接続されている。

打上げ直前のM-V 型ロケット5号機

非常にスッキリとした、見た目には全く何の工夫も無いデザインの「M-V」は、その外見とは裏腹に、これまでの固体ロケット開発に関する全てのアイデアが注ぎ込まれた、まさに集大成とも呼べるロケットとなった。後は、〝お客さん〟である衛星の完成を待つのみである。

一度点火すれば二度と再び消すことが出来ない固体ロケットの制御とは、大阪から東京の自宅に車で帰るのに、常にアクセル全開、ブレーキ無しで突き進み、最後の最後、車庫入れの瞬間にピッタリと燃料が尽きるように運転をするようなものである。宇宙研の技術は、そんな奇跡を実用的なものにした。世界中が「M-V」に憧れた所以である。

第5章

「はやぶさ」への道

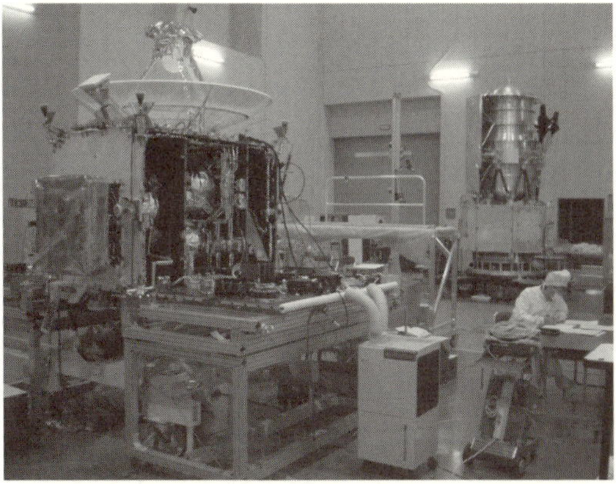

通信系試験中の「はやぶさ」

5.1　会議は踊る

理学は、真理の探究であり、工学は善の実現である。そして、藝術は美の表現である——これで所謂《いわゆる》「真善美」が揃う。理学と工学が常にペアを組んで、事に当たるという宇宙研の伝統手法は、「真理の探究に最善を尽くす」という意味で、非常に意義深く、しかも極めて効率的であり、故に美しい。しかし、理学者の求める真理とは何であろうか。工学者は常に、善の実現、福祉の向上のみを考える聖人なのであろうか。

切っ掛けは、もっともっと単純である。大きな事も、小さな事も、最初にそれを言い出すのは一人の人間、或いは、精々《せいぜい》二、三人の小さなグループである。そして、そこにあるのは〝夢〟、取るに足りない子供染みた夢こそが、全ての切っ掛けとなる。

夢は仮説を連れてくる。これが分かれば、あれが分かる。これが出来れば、あれが出来る。絵にも描けなかった幻が、次第次第にその輪郭《りんかく》を強め、言葉の姿を為していく。言葉は、周りの人間に影響を与え、仮説は検証されるべきものとして提案される。そして、夢は現実の世界に降りてくるのである。

独りの人間の夢であり、希望であったものが、多くの人間に共有され、遂には〝目標〟にまで変じていく。その変貌の動力源は、膨大な量の書類であり、数限りなく開かれる会議である。夢を語り、周りを巻き込んだ人間には、その〝罰〟として、以後二十年以上に渡る会議漬けの日々が待ち受けているのである。

我が国の科学衛星の選定は、以下の順を踏んで行われている。それは、溜息《ためいき》が出るほど会議を繰り返し、徹底的な審査を受け、見事に勝ち抜いた者だけに与えられる〝小さな小さな栄光〟である。多くの人の力を借りて計画が実行され、期待に違《たが》わぬ結果が得られた瞬間、その〝本物の栄光〟の瞬間を、心の奥底にしっかりと描いて始める、長い長い旅路の第一章である。

先ず、夢の提案者が、その理解者を集めていく。最初はごく少数でのグループ研究が行われる。提案は誰でも出来る。従って、全国の大学・研究機関に属する全ての研究員が、数少ない席を争うライバルとなる。

本格的な衛星計画の立案を目指して、「ワーキンググループ(WG：Working Group)」の設置を申請する。その審査は、宇宙研が半分、残りの半分が外部の研究者で構成された「宇宙理学委員会」、或いは「宇宙工学委員会」が、その提案内容に従って行う。計画の目的は妥当か、実際に数年の中に実行に移せるレベルにあるか、が審議される。認められたWGでは、理学者と工学者が一体となって、ミッション達成の鍵を握る技術を開発し、システムを検討する。こうした基礎研究を進める為に必要となる費用もまた、他と競争して勝ち取らねばならない。

そして、いよいよ本格的な衛星計画として、正規の予算を要求出来るレベルにあると判断した場合、宇宙理学委員会か、或いは宇宙工学委員会に政府への予算申請を提案する。これを受けて委員会は、「評価小委員会」を設置して、計画の目的の重要性、技術的・財政的実現可能性、実行体制、信頼性など、様々な観点から提案を吟味する。同時に他の提案があった場合、勝ち残るのは、理学、工学それぞれただ一チームだけである。

仮に両委員会が推薦する提案が、同じ会計年度に重なった場合は、「企画調整会議」がさらに慎重に内容を審議し、どちらかに軍配を上げる。そして、まだまだ関門は続く。

宇宙研の「本部会議」、「運営協議会」を経て、外部の委員から構成される「宇宙科学評議会」を通り抜けねばならない。その審査基準は、以下の四項目に要約される。

⑴：第一級の科学目標を有していること。宇宙科学の本質的問題の解明を目指していること。
⑵：科学目標と共に、その実現手段が高い独創性を持っていること。諸外国の追随ではなく、ミッションの形態・観測機器・その方法などが、我が国独自の創意工夫に溢れていること。
⑶：技術的にも予算的にも高い実現可能性を持っていること——予算の範囲内、という現実は、如何《いか》に野心的、挑戦的なミッションであっても動かし難い制約である。
⑷：大型のミッションに関しては、国際協力が避けられないが、その中でも全体の開発、科学観測、その他のどの部門においても、我が国が主導的な立場で実施できる体制にあること。

こうして「ミッション」は選定される。その結果、与えられた予算に従って、衛星を作っていく。その第一段階は、二年程度を掛けて、試作品となる「PM（Proto Model）」を作る段階であり、その間に搭載《とうさい》する観測機器などの設計製作も済ませる。続いて、「FM（Flight Model）」の段階になって、実機製作に移っていくのである。これには通常三年程度が見込まれる。

しかし、ここまで来てもまだ安心は出来ない。我が国の宇宙開発に対する予算は、欧・米に比して非常に少ない。そして、宇宙開発は国際協力が決して避けられない、非常にオープンな世界である為に、計画は全世界の注目の中、丸裸の状態で進められていくことになる。

そこで、予算のより潤沢な国が、我が国の計画に対して、〝国際協力以上の興味〟を持った場合、自分達の手でそれを実行しよう、と考えるかもしれない。実際、予算に余裕があり、大型のロケットを持った国ならば、後から計画を立てても、我々を途中で抜き去る可能性は充分にある。

良いも悪いもない、科学の世界は一番だけが評価されるシビアな世界である。一番以外は、二番も百番も同じである。科学の世界に「銀メダル」は存在しない。それは歴史上、唯《ただ》一度だけ開催される大会で「金」を取った者だけが賞賛され、それ以外は〝評価ゼロ〟とされる極めて過酷な勝負なのである。従って、仮に我が国の計画の進行中に、他国がこれを出し抜いて、科学的な業績を挙げることが分かってしまえば、直《ただ》ちにこちらが全てをキャンセルするしか他に方法が無いのである。

こうしたことから、我が国のミッションは、非常に安価で、短期間に開発が終わり、しかも他の追随を許さないほど、野心的で挑戦的なものでなければならない。〝実現性の高い〟ものは、力ずくで横取りされてしまうからである。

これは非常に難しく、辛い選択である。我が国の宇宙開発は、当初より、極端に挑戦的な、世界の誰もが二の足を踏むようなものが多かった。それは先駆者たらんとする志の問題と同時に、獲得した予算を有効に使う為の、致し方のない涙ぐましい選択でもあった。二番煎じは煎じさせても貰えない、ならば少々の危険は覚悟の上で、真正面から最大の難問に切り込んでいくしかない。これが我が国の宇宙開発の現場に居る者達の偽らざる感想である。それが故に、他国では三つにも四つにも分け、順序立てて設定される計画も、我が国においては、後戻りの出来ない一発勝負として企画されるのである。

5.2 歴史のはじまり

私達の「太陽」は、内側から順に、「水星」「金星」「地球」「火星」「木星」「土星」「天王星」「海王星」という八つの星に囲まれている。それぞれ太陽の周りを一回りするのに要する時間が異なる為、地球から見ると、前へ進んだり、後ろに行ったりで落ち着かない。そこで〝惑《まど》う星〟、「惑星」と名附《なづ》けられた。一方、太陽はその中心にあって、微動だにしない〝ように見える〟為、〝恒《つね》なる星〟、「恒星」と名附けられた。太陽とこれら星の家族はまとめられ、「太陽系」と呼ばれている。

そして、火星と木星の間に多数の「小惑星(asteroid)」が帯状に分布している。その数、30万個。軌道が精密に観測され、決定されたものだけに限っても、12万個近くある。

これらの中の多くは、星と呼ぶには余りにも小さく、詳細な観測の対象には成り得なかった。しかし、小さいということは、自らが発する重力もまた小さい、ということであるが、我々がその意味を悟ったのは最近のことである。

星は自らの重さによって、その生涯が定まってしまう。太陽ほどの重さがあれば、その中心で熱核反応が誘発される。偉大な重力は、自らに点火すると共に、多くの星を従える為の紐帯《ちゅうたい》となる。地球ほどの重さであれば、その中心は化学が支配する。核反応は起こらない。しかし、それでもやはり〝中心は熱い〟。活火山は、内部情報を噴き出して、その構造を暗示する。

星は重ければ重いほど、内部の密度が高まって、中心は非常な高温高圧になっている。そしてそれは、構成している分子・原子が激しく、絶え間なく、所狭しと動いていることを意味している。その動きが極限にまで高まれば、何もかもが掻《か》き回されて、〝全ての記憶〟が失われる。それは原子自身が押し潰されて、別の原子に変わるほどのものである。世界中を感動させた名画もちり紙も、燃やしてしまえば唯の灰となる。ダイヤモンドも鉛筆も、高温高圧の拷問を受ければ、同じ炭素の塊《かたまり》になってしまう。美しい想い出も、辛い過去も、分子・原子の過激なダンスに変じれば、そこに一切の痕跡は残らないのである。

ものの誕生を知りたい、というのは人間の基本的な欲求の一つであろう。太陽はどうやって出来たのか。太陽系は何故《なぜ》、幾つもの惑星を抱えているのか。誕生当時の太陽系の姿は一体どのようなものであったのか。地球は何故、三番目に位置しているのか。何故、何故、何故。果てることの無い疑問が続く。そして、この問題に直接答えてくれそうな〝仲間〟が、近くに居《い》た。それが小惑星なのである。

小惑星は、その小ささ故《ゆえ》に、重力も小さく、熱に関する変性も受けていない。従って、太陽系誕生以来の〝記憶〟を残してくれている。もし、そのサンプルを採取して、調べることが出来たなら、太陽系の成り立ち、当時の様子が手に取るように分かるかもしれない。そして、それはそのまま、「地球誕生の謎を解く鍵」を我々に与えてくれるだろう。小惑星こそ、遠い過去の記憶を今に留めた〝歴史の貯蔵庫〟だったのである。

星の欠片が厚い大気の層を潜り抜けて、地表にまで降り注ぐ。それが「隕石」である。しかし、これは出自が分からない。どの星のどの部分から剝《は》がれて、わざわざ地表まで落ちてきたのか、それは誰にも分からないのである。

確かにこれだ、という証拠が欲しい。この星の、この部分がこんな組成であった、だから……という結論を導きたい。小惑星に行って、その場で調べてもいいだろう。しかし、ただでさえ小さな探査機に、大規模な観測装置を積むことは出来ない。しかも、探査機を計画し、作って、送って、調べるには、長い年月が必要である。その間に、技術的な進歩が為されて観測装置は古くなる。「今なら、良い機械があるのに、あんな古いものじゃなあ」ということになってしまう。

そこで〝現物〟を採取して、地球に持ち帰ることが考えられた。これを「**サンプル・リターン計画**」という。もし、実際に試料が得られれば、その時点での最高の装置で調査が出来る、世界中の科学者の知恵を集めて、調べることが出来るのである。そこには、太陽系誕生の秘密を、地球の謎を、解き明かす為のヒントが隠されているに違いない。

1985年、宇宙研の内部で、「小惑星サンプルリターン研究会」が発足した。それが〝歴史の一頁目〟であった。

5.3 開発の流れ

「宇宙に修理場は無い」とは宇宙開発に携わっている者が、よく口にする言葉である。地上では簡単に直せる故障も、宇宙空間ではそうはいかない。絶対に故障しないように、もし故障した場合には、それが補えるように、可能な限りの工夫をする。信頼性が全てである。そして、システム全体を充分な信頼性を持ったものに育てていく為には、実験が欠かせない。背広と書類の会議攻めが終わったかと思えば、今度は汗と油の実証試験の連続である。

開発の流れを紹介する為に、ロケットと衛星開発を時間順に追ってみよう——ロケット関係には「▲」を、衛星関係には「★」を、それ以外には「◆」の印を附けた。それはMUSES-C、「はやぶさ」へと至る道である。

▲1981年：M-3SII ロケットの開発を開始。初の惑星間ミッションへの挑戦が始まる。
▲1985年１月８日：「さきがけ」の打上げ――ハレー彗星探査。
★1985年６月：鶴田浩一郎教授の主催により「**小惑星サンプル・リターン研究会**」が発足する。
▲1985年８月19日：「すいせい」の打上げ――ハレー彗星探査。
★1987年：「**小惑星 Anteros のサンプル・リターン計画**」を検討する――時期尚早と見て、プロジェクトとしては提案せず。
◆1989年：宇宙政策大綱改訂。これより M-V の開発が始まる。
★1990年：工学衛星三案、「金星エントリー気球」「月面ローバ」「小惑星ランデブー」が提案される。「日米協力であった STARDUST も NASA に取られたし、残ったのは小惑星サンプルリターンのみではないか」と水谷仁、藤原顕、上杉邦憲、川口淳一郎ら研究グループが真剣な話し合いを続ける。
★1990年１月24日：「**ひてん(MUSES-A)**」**打上げ**。MUSES-A とは、「M ロケットによる工学実験衛星初号機」の意味。「ひてん」により「スウィングバイ技術」を習得。衛星「はごろも」を月に投入。

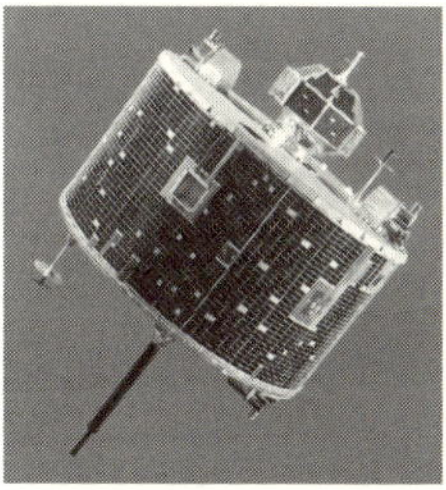

ひてん（MUSES-A）

▲1992年５月：新開発の超高抗張力鋼を使用した一、二段モータケース試作品の耐圧試験で、ケースが規定圧力以下で溶接線から破壊した為、約一年半開発が遅れた。
▲1994年９月16日：ST-735-二号機により、サブスケールロケットによる一、二段の FITH 分離の確認試験が行われた。
★1995年：MUSES-C 計画の概算要求が行われる。
▲1996年春：嚙み合わせ試験(搭載機器を実装しての総合試験)が行われたが、そこで新規開発の FOG の出力にドリフトが検出

され、その原因調査と対策に時間を要し、同年９月を目指していたＭロケット初号機打上げを97年1、２月に再延期した。
★1996年：MUSES-C 計画が開始される。
★1997年２月12日：「MUSES-B・はるか」打上げ。VSOP 計画――三軸制御、超高域、高安定データ送信技術の習得。

はるか（MUSES-B）

★1997年２月14日：イオンエンジンの耐久試験開始。
▲1997年５月30日：M-25 SIM-1真空スピン燃焼試験。実機の約1/5の小型モータを試作し、FW モータケース、高圧燃焼下における推進薬の燃焼特性、三次元 C/C 複合材の耐熱や損耗特性などについて、データを収集した。
★1998年６月15〜26日：サンプル採取装置（サンプラー・ホーン）の無重力下テスト―― MU-300機による放物線飛行を利用。同時に、低重力下でのターゲットマーカの弾性度測定試験。
▲1998年７月29日：M-25 SIM-2大気燃焼試験。実機の1/3の小型モータにより、「サークリップ方式によるノズル結合法」「新しい着火内圧上昇率抑制手法の効果」を確認した。
◆1999年４月２日：「内之浦」「相模原」が小惑星の名前に。
★1999年４月：北海道上砂川町の無重力実験塔にて、**「再突入カプセル」などに用いる小型衛星用分離機構実験。**同時に、**ターゲットマーカ、及びミネルバの実証試験。**
★1999年７月28日：イオンエンジンの耐久試験終了。当初予定13000時間より上乗せ、稼働18000時間達成。静電加速機構の摩耗はほとんど無し。初期性能からの劣化は僅か数パーセント。
★2000年１月〜２月、構造モデル（MTM：Mechanical Test Model）試験終了。火工品衝撃測定に５日間。
◆2000年２月10日：M-V-4/ASTRO-E の打上げ失敗。第一段モータの燃焼異状。「調査特別委員会」が設置され、詳細な調査と徹底的な原因究明が行われ、今後の対策が検討された。
★2000年２月21日〜３月10日：相模原Ｃ棟（飛翔体環境試験棟）

にてタッチダウン試験。
★2000年3月9〜17日：C棟・電波無響室にて、イオンエンジンと通信系の電磁干渉試験。
★2000年3月13〜31日：C棟・クリーンルームにて、データ処理装置(DHU：Data　Handling　Unit)インターフェイス試験(従来のPM総合試験に相当)。
★2000年5月22〜6月4日：大型スペースチェンバにて、宇宙環境を模擬した熱設計検証。
▲2000年6月中旬〜下旬：構造機能試験棟にて、M-Vの新1/2段接手静荷重試験。新1/2段接手は、FLSC分離接手を一ヶ所にして、一段側だけでなく二段側も一体のグリッド構造に変更。
◆2000年9月：打上げ日程の見直し。M-Vの信頼性回復に要する時間を勘案した結果、2002年7月に予定されていたMUSES-Cの打上げは中止。対象としていた小惑星(1989ML)に代わって、1998SF36という小惑星を目標とし、2002年11-12月に打上げる。
◆2000年11月：MUSES-C搭載予定のSSV開発中止。NASAは、重量及び予算の大幅な増加の為、MUSES-Cへ搭載予定であった超小型ローバ(SSV：Small Separable Vehicle)の開発を断念した。
▲2000年11月27日：M-25 SIM-3大気燃焼試験。実機の1/3.5縮尺の小型モータに対して、実機なみの110気圧を越える圧力で燃焼試験を行い、これに成功した。
▲2001年1月24日〜2月2日：M-Vの新1/2段接手の分離試験。分離機能の確認と分離時に発生する大衝撃の計測に成功。
★2001年2月末〜3月中旬：構造機能試験棟にて、衛星接手試験、マルマンバンド分離性能確認試験、強度試験、耐荷性能試験。荷重分散性能試験などを行う。
★2001年3月22日：第一次嚙み合わせ試験キックオフ会議。
★2001年3月26日〜30日：内之浦にて航法センサフィールド試験。二種類のセンサ(LIDAR、LRF)の実証試験を行う。
★2001年4月2日〜7月17日：第一次嚙み合わせ試験開始。「進行波管増幅器(TWTA：Travelling-Wave Tube Amplifier)」を三台、「固体電力増幅器(SSPA：Solid State Power Amplifier)」を二台内蔵している為、特異な試験となった。また、クリーンルームに真空ガラスチェンバを持ち込み、その内部でイオンエンジンを駆動した。
▲2001年5月21日：KM-V2-1真空燃焼試験。実機とほぼ同一仕様のフルサイズ試作1号機KM-V2-1の真空燃焼試験。投棄型後方

着火点火器の着火特性も予想どおりの結果が得られた。
▲2001年７月13日：M-25-1 TVC 地上燃焼試験。TVC 装置は、液体噴射方式から可動ノズル方式に変更。

能代多目的実験場における燃焼試験

★2001年７月19〜27日：臼田64m アンテナによる、コンパチ（適合性）試験。追跡地上局と所定のインターフェイス項目が適応しているかを確認した。
▲2001年９月22日：M34-3TVC 地上燃焼試験。主目的であった3次元C/C材料によるノズルスロート部の機能と健全性が確認された。
★2001年10月：「再突入カプセル」総合試験。各種動作試験。スピンテーブルによる100G 試験に成功。
▲2001年10月7〜16日：M-14-3 TVC 大気燃焼試験・組立てオペレーション。ノズルスロート材料の変更による、性能確認試験が飛翔型モータを用いて行われた。
★2001年10月17〜26日、米（JPL/DTF）開発試験棟にて、コンパチ試験。
★2001年12月３日、総合試験（前半）開始。電気系機能確認。
▲2001年11月20〜12月19日：M-14-3 TVC 大気燃焼試験・燃焼オペレーション。M-V-5に向けて、M-14、M-25、M-34、KM-V2と全段の最終確認試験終了。主推進系は準備完了。
▲2002年１月21日〜２月22日：M-V-5、仮組立作業・頭胴部。作業は、機体を製造している（株）IHI エアロスペース富岡事業所に、各メーカで作られた搭載機器類を持寄り、所定の位置に機器を搭載し、それらをケーブルでつないで確認を行った。
★2002年１月28〜31日：ベーキング作業。チャンバー内の高温高真空環境下に晒《さら》すことで、探査機の不純物を除去する。
★2002年２月２〜13日：姿勢制御系試験。探査機の側面両側は開放。太陽電池パドルも附いていない。

★2002年２月５〜19日：頭胴部仮組立。衛星とロケットの結合状態のチェック。
★2002年２月23〜25日：詳細動作チェック。センサや計算機が適切に作動するか否かを、宇宙空間を模した状態で調べる。
★2002年３月１日：太陽電池パドル取附け。確認後、取外す。
★2002年３月11日〜４月21日：タンク配管溶接。イオンエンジン、化学推進エンジンに燃料を供給するタンクと配管の溶接。
▲2002年３月８〜20日：M-V-5、仮組立作業・一段目。
▲2002年４月1〜５日：M-V-5、仮組立作業・一段目。
▲2002年４月１日〜５月17日：C棟の磁気シールド室にて、モーションテーブルにより、姿勢制御系の健全性を確認。二段目TVCの設計が変更された為、ノズルアクチュエータを組合せた試験も実施。
▲2002年４月4〜18日：M-25TVCシステム試験。システムの総合的な機能と性能の確認の為、IHIエアロスペース川越研究開発センターにおいて実施された。
★2002年４月26日：総合試験(後半)に向け全員打合せ。化学推進機関艤装。
◆2002年５月10日：「星の王子さまに会いに行きませんか」ミリオンキャンペーン開始。同７月６日まで。
★2002年５月14〜16日：イオンエンジン・推進器組立。イオンエンジンの推進器(スラスター)を探査機に組み附ける。
▲2002年５月15〜24日：M-V-5、仮組立作業・二段目。
★2002年５月17〜19日：推進系耐圧気密試験。推進系に燃料を入れた時の漏洩《ろうえい》の有無を調べる。

M-25：左から、1/2段接手、モータケース、ノズル

▲2002年５月27〜31日：構造機能試験棟において、M-34伸展ノズル機能試験。実機の機能確認を目的として、ノズルの伸展と、伸展後のDHS(ダブルヘリカルスプリング)の投棄試験とを分けて行った。
▲2002年６月14日〜７月22日：M-V-5号機の嚙み合わせ試験。機材搬入、６月24日までに机上配線チェック、７月１日までに計器・計装組み込みとノズル駆動チェックをそれぞれ終了し、７月２日より各種動作チェックを行った。
★2002年６月19日：サンプラー・ホーン取り附け。
★2002年６月24日：詳細動作試験。搭載機器の動作チェック。太陽電池パドルの照射試験。
★2002年６月26〜28日：太陽電池パドル再組み附け。
★2002年７月１〜11日：総合試験(機械環境試験)。打上げ時の環境を模擬した各軸の振動試験、及び衝撃試験。太陽電池パドルの火工品試験。レーザ高度計、近赤外線分光器のアライメント試験。機械環境試験用模擬推進薬の排出。近距離レーザとサンプラートリガー用の距離センサとの連動試験。熱真空試験など。

機械振動試験

★2002年７月15日：詳細動作チェック。機械環境試験後の探査機の状態を再度調べる。
★2002年７月16〜21日：推進系チェック・疑似推薬排出。推進系の健全性を調べ、機械環境試験の際に充塡した疑似推薬を排出させる。
★2002年７月25日：レーザ測距計試験。レーザ計測装置の動作確認。
★2002年８月20〜21日：日米ジョイントサイエンス会議。撮像カメラ、近赤外線分光器、ライダー観測に米側の参加協力。試料初期分析に米側参加、及び試料の10％の供与などの確認。
▲2002年９月25日：打上げ(当初予定は同年12月)の延期を発表。以下、延期に至った経緯：

4月下旬・軌道姿勢制御用推進系(RCS)の気密試験中に、押しガスの圧力を調整する調整弁(米国製)からの漏洩が判明。

5月中旬・Oリング交換で漏洩対策完了。破断とは関係ないものの、Oリング材質が規格と異なることが判明。万全を期して直ちに関係箇所の全面検査を決定。

6月中旬・ガスクロマトグラフィー揮発成分分析手法によって検査が可能なことを検証。

6月中旬以降・打上げ前総合試験と並行して、同検査を実施。

8月中旬・材質に支障のないことを確認。

8月中旬以降・姿勢制御系全体の信頼性再確認実施。

★2002年11月：総合試験再開。12月上旬、機械環境試験終了。模擬推進薬の排出、乾燥作業を実施。

▲2002年12月12〜19日：M-V-5、TVCオペレーション。ロケットを組立てる前にTVCの機能と性能を確認しておくことが主な目的。

▲2003年1月10〜19日：M-V-5、第1組立オペレーション。作業は、後部筒、第一段・二段モータ、ノーズフェアリングの組立て。

★2003年1月中旬〜2月上旬：総合試験。飛翔型モデルによる熱・真空試験(巡航中、小惑星への降下着陸を模擬)。

前半：イオンエンジンの加速電源に擬似負荷を接続し、搭載機器の温度と熱制御の妥当性の確認。小惑星表面温度(推定100度)に対して、探査機下面搭載機器の温度上昇を確認。

後半：飛翔型探査機でイオンエンジンを駆動し、イオン加速まで行う。「消費電力拘束附の熱制御装置」のテスト。

▲2003年2月4日：M-V-5第二組立オペレーション。組立て順に、M-14セグメント2(第一段ロケットの下半分、約45トン)、M-14セグメント1(第一段の上半分、約42トン)、M-25(第二段ロケットと1/2段接手、約40トン)を、門型クレーンによってM組立室から整備塔まで運び吊り上げる。作業に約1ヶ月。

★2003年3月上旬、総合試験。打上げ前アライメント試験。重量、慣性モーメントなどの測定。

★2003年3月12日：総合試験終了、衛星は内之浦へ。15日到着。

◆2003年3月26日：第20号科学衛星(MUSES-C)の打上げ体制が公表された。実験実施責任者：宇宙科学研究所所長松尾弘毅、鹿児島宇宙観測研究所所長：的川泰宣、実験主任：小野田淳次郎、実験主任補佐：森田泰弘、衛星主任：川口淳一郎、保安主任：稲谷芳文、鹿児島宇宙観測研究所保安主任：白坂友三、飛行安全総

括チーフ：中島俊ほか、一騎当千の仲間が三年ぶりに内之浦に帰る。打上げ日は、5月9日、午後1時〜2時である。
★2003年3月末〜4月上旬：キセノンガス(気体)60kg強、化学推進機関の燃料(液体)であるヒドラジン、酸化剤・四二酸化窒素の充塡《じゅうてん》。
★2003年4月21日：ロケット関係・フライトオペレーション。
★2003年4月27日：全員打合会。

M台地より遙か太平洋を臨む

斯《か》くして全ての準備が整った。人事を尽くして天命を待つ。後は打上げ当日のお天気だけが心配のタネであった。

5.4　カウントダウン

2003年(平成15年)5月7日。雨雲の垂れ込める中、最終リハーサルが行われた。これを宇宙研では「電波テスト」と呼ぶ。続く8日は、朝から雨。しかし、昼頃にはあがり、午後からは晴れる。どうやら、翌日も天気は大丈夫のようだ。気象班は大きく胸を撫《な》で下ろした。**「タイム・スケジュール(TS)」**と呼ばれる作業行程の読み上げは、打上げのおよそ12時間前から行われる。昼の打上げなら夜半から、明け方の打上げなら前日の夕方から、スタッフは臨戦態勢にある。

日附が変わった。遂に運命の日がやってきた。

初期の計画から数えれば二十年を越える。狭い内之浦の町を300人を越えるスタッフが往来する。表情はそれぞれ違っても、心に秘めたものは皆同じ。人生の多くの時間をこの仕事に捧げてきた男達の夢が今、叶おうとしている。

マイクを持つ手に力が入る。M台地の半地下にある管制室で、餅原義孝技官の長い闘いが始まった。ロケット班、ランチャ班、衛星班などが既に準備に入っている。声の怯《ひる》みは、全員の士気に影響する。

淡々と、しかし力強く、第一声をあげた。「只今より、M-V-5号機、タイムスケジュールに入ります」

暫《しばら》くは、SA班(SAtellite：衛星)の単独作業である。作業報告が次々と返ってくる。張りのある声が耳に心地好い。作業は6時間余り続く。そして、衛星の動作チェック終了、打上げモードの設定、確認終了のアンサーが届いた。

続いてロケット班は、SJ班、TVC班から作業を開始した。Xマークテスト、CNEのウォームアップ開始――これは「電子系制御装置(CNE：CoNtrol Electronics)」と、打上げ時刻Xの最終確認作業である。

ランチャセットが始まった。大扉が開く。ランチャが旋《せん》回《かい》し、大扉が閉まる。角度設定へと進む。ランチャ設定上下角80.8度、方位角90.2度。およそ1時間を要する作業が、ホンの数分にしか感じない。

胸の高鳴りを感じない者は居ない。しかし、誰の声にも抑制が利《き》いている。「定時項目」が次々と消化されていく。古株の教授連は、ペンシルの裸電球に想いを馳せている。この時ばかりは、若手の助教授も、米寿を迎える名誉教授も皆、少年時代の無垢《むく》な瞳の輝きを取り戻している。

搭載機器の動作チェック開始。ほどなく「完了！」のアンサーが届く。打上げ30分前となった。打上げ時刻Xを目標に、大型のデジタル時計は減算を続けている。RS班(Range Safety：射場保安)の眼差しも一段と厳しくなった。場内アナウンスは、遠く宮原《みやばる》の観望所まで届いている。

「Xマイナス30分、定時の項、入ります。只今より自動車の通行を制限します。保安帽確認願います。沖縄、東京、福岡ACC、成田、連絡願います。海上、航空チェック願います。場内受附、銭抜、河原瀬、チェック願います。監視所・長坪連絡願います。報道班の方は只今より無線の使用を御遠慮下さい」
「サイレン、鳴らして下さい」「スプリンクラー、散水願います」
「RS関係者は四系統指令電話におつき下さい」

「Xマイナス15分、定時の項入ります。総員待避、確認願います。点火管制班は点火回路準備願います」
——「中間スイッチ、オンです」
——「安全スイッチ、発射側です」
——「RSAD、発射側です」
——「点火回路、準備終了しております」
「ランチャ班は、ノーズフェアリング空調停止願います」
——「空調ダクト離脱します。加圧送ります。3、2、1、0。空調ダクト、離脱確認しております」
「SA班は、SA電源内部切り替え願います」
「管制室、空調停止願います」「整備塔附近は、空調ダクトの減圧排気の為に大きな音がしますので、御注意下さい」

「Xマイナス8分、定時の項、入ります。海上チェック願います。監視所・長坪連絡願います。場内受附、銭抜、河原瀬、チェック願います。衛星、電源内部です。RBCN、電源内部、切り替わります」
「集中電源、内部です。EMVPS、オンになります」「B1、B2、B3、EMVPS、オンです」
「Xマイナス15秒に煙がでますので、御承知おき下さい」

「Xマイナス6分、定時の項、入ります。M台地、待避確認願います。SA班は、PSモニターオフ、願います」
——「SA班は、PSモニターオフ、確認しております」
「CNE班は、CNEフライトモード、チェック願います」
——「CNE班は、CNEフライトモード、チェック伝達確認終了しております」
「TVCカプラー、離脱します。カウント送ります。3、2、1、0」
——「TVCカプラー、離脱確認しております」
「ランチャ班は巻き上げ準備願います。離脱電源、オン願います」
——「RBコントロール・パッケージ、オフです」

「Xマイナス3分、定時の項、入ります。花火、上げて下さい」

準備OK、中央発射指令卓の緑ランプが点灯した。【ALL SYSTEM READY】【START READY】のランプが押された。ここから先は一瞬たりとも休めない、秒刻みのカウントダウンである。小さな咳払いが、覚悟の証であった。

「発射準備は、全て完了しております」
「あと1分で、コントローラー、スタートします」
「コントローラー、スタートします。用意、はい、一分前、59、58、57、56、55、...」

タイマー点火管制盤のカウンターが連動している。
50秒前、タイマー【青色】点灯。30秒前、【OK】点灯。
各班から続々と「OK」のアンサーが届く。15秒前、SPGGに点火。ランチャを黒煙が取り巻く。
10秒前、全てのアンサーが届く。間もなく、何人にも止めることの出来ない、固体燃料の炎の舞が始まる。
「5、4、3、2、1、0」——発射！
オレンジの光が窓を埋め尽くし、轟音《ごうおん》が天井を叩く。床は震え、気持ちはいやが上にも高ぶって、振動を二倍にも三倍にも感じさせる。

2003年5月9日午後1時29分25秒、東の風・毎秒2.5m、「ミュー・ファイブロケット五号機」は打上げられた。内之浦の山々を朱に染め、その轟きは多くの人の夢をのせて、天地にこだました。光と音の衣を纏《まと》い、皐月《さつき》の空を今M-Vが行く！

しかし、管制官に休みは無い。ここからは〝カウント・アップ〟を続けていかねばならない。「1、2、3、4、5、……」

5.5 「はやぶさ」誕生

3秒：ロケットの後部筒は、既に整備塔を離れた。M台地を震源とする振動が、椅子を、机を揺らしている。

7秒：宮原観望所は、打上げ地点から2km以上離れている。

リフトオフからこの時刻まで、宮原は不思議な静けさに包まれている。アルミニウムの燃焼が生み出した、鮮やかなオレンジの閃光《せんこう》だけが辺りを支配し、心は色彩の虜《とりこ》になっている。「ウォー」という見学者の歓声は聞こえても、ロケットの発射音は全く聞こえない。

何故だ、と考えるゆとりも与えず、ロケットは鋭く上昇していく。そのことの意味に気が附いた次の瞬間、バリバリバリ、と空気を引き裂くような強烈な音が、鼓膜を、腹を刺激する。ピカッと光ってから、中々音が届かない雷の例でも分かるように、音の速さは、高々秒速300mほどでしかないのである。しかしこれほど見事に、音が空間を伝わるのに要する時間、その具体的な感触を教えてくれる教材はないだろう。

20秒：ロケットは音速を超えた。

第一段の制御も見事に行われた。

75秒：第一段分離、第二段モータ点火。
「軌道正常、軌道正常！」
コントロールセンターでは、スタッフ全員がモニターを食い入るように見つめている。「ど真ん中だ」との声が聞こえる。予定径路の幅の中から少しでもはみ出せば、それは悲劇の始まりを意味するのである。この時刻頃から、見学席では笠木幸子技師の飛翔実況が、鮮明に聞こえ出す。
「第二段の点火、確認しました」
「第二段は、正常に飛翔しております」

186秒：「ノーズフェアリングの開頭を確認しました」との実況が場内に響く。それはロケットが既に空気の無い高度に達した為、ノーズのカバーを外しても、衛星が空気との摩擦で熱せられない状態になったことを意味している。

200秒：第二段分離。2秒後、第三段ノズル伸展。
205秒：第三段モータ点火。同時に制御開始。
359秒：スピンモータ点火。機体を回転させ安定させる。
370秒：第三段分離。2秒後、キックモータノズル伸展。さらにその2秒後、キックモータ点火。
カウントアップも実況も、途切れることなく続いている。
「第三段は、正常に飛翔しております」
「スピン開始しました」
「第四段の点火、確認しました」

610秒：衛星分離。
「M-V-5」はその使命を見事に果たし、MUSES-Cを宇宙空間に解き放った。コントロールセンターは歓声に包まれた。笑顔の洪水である。右に左に握手の波が拡がっていく。ロケットの関係者は長い緊張から解き放たれた。こうした瞬間には必ず、もう少し面倒な方が遣《や》り甲斐《がい》があったなあ、といった軽口が飛び出すものである。成功したからこそ言える、それが互いに腹の底から分かるからこそ、一寸《ちよつと》した冗談にも涙が出るほど笑ってしまうのである。

ただし各班の主任級に、爆発的な笑顔はない。次に、そしてその次に、と常に事態の推移を見極めて、ギリギリの厳しい判断を要求される立場だけに、本当にこれで終わったのか、もう次はないのか、という戸惑いが、そうさせるのであろう。安堵《あんど》の想いが、やや俯《うつむ》き加減な背中に表れている。中でも一番ホッとしていたのは、ロケットが異常飛翔をした場合、その後の危険を回避し、被害を最小限に食い止める為に、それを空中で粉微塵《こなみじん》に爆破する「指令爆破」のスイッチを握っていた保安主任であろう。

さあロケットは完璧に仕事を為した。次は衛星班がその実力を見せる番である。そしてそれは、打上げ班がおよそ10分の作業に全てを賭けた、〝短距離型の緊張〟であったのとは大きく異なり、何ヶ月も何年も続く、〝マラソン型の緊張〟を伴う。以後の実生活の全てが、ある種の緊張状態の中に投げ込まれる、ということを意味している。そのスタートの合図が、この瞬間に為されたのである。

機体は、RCS制御を行い、与えられていたスピンを低減した。ここからは本格的な三軸制御の出番である。いつまでもグルグルと回っていたのでは〝目が回る〟。

14分：いよいよ、折り畳まれていたパドルを展開し、六面の太陽電池を拡げる時がやって来た。先ずは機体側面に沿って、重ねられていた左右のパドルをその位置で拡げ、続いて４分後、パドルを支えているブームを、直角に持ち上げて、「太陽電池パドル」の展開を行うのである。

20分：サンプラー・ホーン伸展。

遂にMUSES-Cがその本来の姿を現した。この10分後には、太陽光を太陽電池パドルに直角に当てる為の姿勢制御が行われた。「太陽捕捉」は成功した。これで電力の心配は無くなった。通信も推進も電力により賄《まかな》われる本機の場合、太陽を確かに捉える、ということが決定的に重要なのである。

ゴールドストーン局、キャンベラ局は、探査機からの電波を受信し、確かに予定されていた軌道に投入されたことを確認した。この結果、MUSES-Cには国際標識「2003-019A」が与えられた。そして地上では、以後この探査機を「はやぶさ」と呼ぶことが決定された。

そこには糸川英夫の作った名機〝隼《はやぶさ》〟への敬意と、かつては内之浦へ行く為の〝最高の贅沢〟であった寝台特急「はやぶさ」への郷愁と、そして何より、瞬時に獲物に飛びかかり、それを奪い去る俊敏な鳥〝隼〟へ自らを準《なぞら》え、必ず小惑星のサンプルを獲ってくるぞ、という固い決意が込められていた。

小惑星へ向かう探査機が「はやぶさ」ならば、約束の地が「1998SF36」などという単なる記号では如何《いか》にも味気ない。そこには必然的な、運命的な名前が附けられるべきであろう。この小惑星は、1998年９月26日、米国ニューメキシコ州ソコロの望遠鏡によりMITリンカーン研究所・小惑星観測チーム(LINEAR：LIncoln Near-Earth Asteroid Research)が発見したものである。小惑星命名申請の権利は発見者にある為、宇宙研はLINEARを通じて国際天文学連合に提案し承認を受けた。その名は「イトカワ（Itokawa）」である。

M.P.C.49281　2003 AUG.6
(25143) Itokawa＝1998 SF_{36}
Discovered 1998 Sept.26 by the Lincoln Laboratory Near-Earth Asteroid Research Team at Socorro.
Hideo Itokawa (1912-1999) is regarded as the Father of Japanese rocketry.An aerospace enginner, Itokawa initiated Japan's first launch tests of the solid rocket series called "Pencil" in 1955.Under his unique vision and strong leadership, his rockets reached space by 1960 and put Japan's first satellite into orbit in 1970.

国際天文学連合による紹介文

元々「はやぶさ」は別の小惑星「1989ML」に向かうはずであった。ところが、打上げの延期に伴って、それを実現することが搭載燃料の量の問題から難しくなり、同等の別の小惑星に切り替えられた、という経緯があった――この可哀想な小惑星は、これで存分に調べて貰う機会を逸したわけである。

筋書きは出来た。「はやぶさ」は、小惑星イトカワに向かう。そして、この小惑星は後に、世界一有名な小惑星、人類が最も詳しく調べた最初の小惑星となるのである。

――イトカワ到着まで、後768日――

第6章

旅のはじまり

スウィングバイ終了時の想像図

6.1　約束の地

小惑星(25143)1998SF36は発見以来、米国の研究機関で追跡されていたが、2000年(平成12年)9月に「はやぶさ」の探査目標として設定されてからは、我が国においても、本格的な観測が始められた。天体としての素性を明らかにして、探査計画が円滑に進むよう支援の輪を拡げていかねばならない。岡山の「美星スペースガードセンター」で、三鷹の「国立天文台」で、東京大学天文学教育研究センター「木曽観測所」で、着々とデータが集められていった。

先《ま》ずは位置観測である。向かう先の、その場所さえ分からなければ、探査機も途方に暮れてしまう。繰り返し観測することで、「イトカワ(1998SF36)」の軌道が決定された。

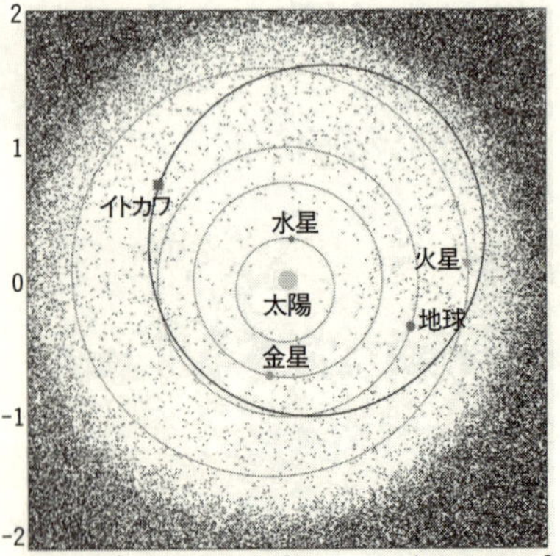

イトカワの軌道と点状に分布した小惑星の群

その結果、公転周期は1.52年で、軌道上で太陽に最も近い位置を示す「近日点《きんじつてん》」との距離が0.953AU(Astronomical Unit：天文単位)、最も遠い位置を示す「遠日点《えんじつてん》」距離が1.695AU、両者の単純平均である「軌道長半径」が1.324AU、円からの扁平の度合いを示す「軌道離心率」が0.280と求められた。

外形は、550m×270m×210mの〝じゃがいも型〟で、自転周期は光度変化の観測により、約12.13時間と求められた。これらの結果をまとめ、三次元形状モデルがCGとして作られた。さらに、反射する太陽光のスペクトル分析により、イトカワは小惑星の約17%を占める「S型」であることが分かった。これは珪素《けいそ》質(Silicaceous)、或いは石質(Stony)であり、反射率の高い〝明るい〟小惑星である。

なお、最も多いのは、全体の75%を占める炭素質(Carbonaceous)の「C型」で、これは反射率が低く〝黒っぽい〟ものである。加えて、金属質(Metallic)のM型があり、小惑星のスペクトルは、以上の三種に大別されている。

大きさが分かれば体積が分かり、組成が分かれば質量が求められる。その値は観測された軌道と、その運動の起源である周辺の重力を考慮して、その適否が再度検討される。そして、表面での重力加速度が求められた。それは「地球の約10万分の1」という極めて小さいものであった。

一方、米国ではNASA「ジェット推進研究所(JPL:Jet Propulsion Laboratory)」のスティーブ・オストロ(Steven Ostro)博士らが、ゴールドストーン局よりイトカワに向けて電波を発射し、その反射波の時間や周波数のズレを、世界最大口径(直径305m)を誇るプエルトリコの「アレシボ天文台(Arecibo Observatory)」の大型電波望遠鏡で長期間に渡って精密に観測して、形状や回転を調べていた——アレシボ天文台は、世界中のパーソナル・コンピュータをつないで、取得データを分散処理する「SETI@home」や、映画『コンタクト』の冒頭に〝ヒロインの職場〟として登場するので、御存知の方も多いであろう。

★ ☆ ★ ☆ ★

イトカワは、数ある小惑星の中でも地球に接近し、100万年単位の長期には、衝突する可能性をも有する「地球接近天体(NEO：Near Earth Objects)」であり、さらに火星軌道を横断し、地球軌道の内部にまで入る為、その軌道要素は、太陽、地球、火星の重力による影響を受けて、時々刻々揺らいでいる。
「はやぶさ」は、小惑星探査に必要な工学技術の実証を第一の目的とし、その結果、得られたデータを元に、太陽系の誕生から小惑星の起源、そしてその進化に至る科学的研究を行うことを第二の目的としている。そして、この「小惑星の地球衝突」という人類の存亡が掛かった大問題に関して、史上初の基礎的データを得る、ということを第三の〝隠れた目的〟としている。将来、あの「はやぶさ」が人類を救った、ということになるかもしれないのである。

目標天体が持つ基礎的な性質は分かった。「はやぶさ」は、イオンエンジンという〝深宇宙探査の切り札〟を持って、今この地に向かっている。しかし、このエンジンの凄み、重要性を理解して頂くには、力学の基礎原理を知って頂く必要があろう。それは非常に簡単でありながら、この宇宙の何処《どこ》でも通用する最も重要な法則である。

6.2　ロケットの原理

私達の身の回りで起こる、物体の様々な運動の様子を、数式の形にまとめ、体系化したものが、ニュートン力学である。これを理解する為には、先ず我々が住まいしている

〝空間の属性〟に親しまねばならない。即《すなわ》ち、私達が今、立っている〝この場〟には、どんな性質、特徴があるのか、を知る必要がある。そして同時に、〝時間とは何か〟という問題も考えねばならない。

こうした大きな問題は、小さなカップに電動ポットでお湯でも注ぎながら、考えて頂くのが適当であろう。

茶の間でお湯を注いでも、仕事部屋でお湯を注いでも、ポットは何の影響も受けずに、きちんと仕事をする。つまり空間を並行に移動しても、機械は全くその影響を受けずに作動する。これを「**空間の並進《へいしん》に対する一様性**」と呼ぶ。空間は一様なので、一旦動き出した物体は、それを外から妨害しない限り、同じ速度でその運動を続け、何処かで止まるべき理由が無い。当然、止まっている物体が、勝手に動き出す理由も無い。

また、手元に引き寄せ、ポットを自分の向きに回して使っても、そのまま相手の方向に回しても、やはり自由にお湯は注げて、何の問題も生じない。これは機械が、空間内での回転の方向に依らずに作動したことを示している。これを「**空間の等方性**」と呼ぶ。空間には、特別な方向も角度も無いのである。従って、一旦回転し始めた物体は、同じ調子で回転し続ける。その回転の速度が増すべき理由も、止まるべき理由も無い。

さて、一時間後もポットはやはり作動する。時間が推移しても、お湯が冷めるだけで、機械に影響は与えない。指定した時刻にしか動かない機械など、意図的に作らない限り有り得ない。これは、「**時間の一様性**」の現れである。

また、投げられたボールの映像だけでは、それが順方向なのか、逆方向のものなのかは分からない。これを過去と未来に対する「**時間の等方性**」と呼ぶ。さらに時間は、場所に依らず、全く同じテンポで流れている。これを「**時間の絶対性**」と呼ぶ——もちろん、人間心理に基づく〝印象としての時間〟は別である。

ニュートンは、「並進と回転に対する一様性」を持った空間の中で、「絶対的で、一様性と等方性」を有する時間に従って、物体の運動は行われると仮定し、自らの理論を展開した。この前提の下で、「**保存量**」と呼ばれる、時間の経過に従って変化しない物理量が重要視される。それは、空間並進に対する「**運動量**」であり、回転に対する「**角運動量**」であり、時間に対する「**エネルギー**」である。

これらは単純な二数の足し算、掛け算だけで、およその〝イメージ〟を摑《つか》むことが出来る。その特徴の一つは、〝複数の量を足したり引いたり出来る〟という点にある。

運動量 p とは、物体の質量 m と、速度 v を掛け合わせた mv で定義される方向性を持った量である。

静止している物体は速度が０、即ちその運動量は０となるのであるが、仮にこの物体が二つの要素から成っている時、以下の二数の足し算が興味を引く。

$$1+(-1)=0,\ 2+(-2)=0,\ 3+(-3)=0,\ldots$$

このように、足して0になる二数の組は、プラス・マイナスの符号を附け替えるだけなので、幾らでも作れるだろう。そして、これが「運動量保存」の直接的な例となっているのである。

複数の要素を含む物体の場合、「運動量０」とは、一切が静止した〝死んだ世界〟を意味しない。その各部分では、如何なる動きも許されている〝生きた世界〟である。「全体の和が0」でさえあればいいのである。

例えば、右方向をプラス、左方向をマイナスとした数直線上において、マイナス方向に「大きさ1の運動量」で物体を投げ出せば、全体が0になる必要から、残りの部分はプラス方向へ、同じ「大きさ1の運動量」で運動を始める。

マイナス方向に向かって与える運動量が大きければ大きいだけ、プラス方向に向かう物体も同じ大きさの運動量をもって進み出す。何れの場合も足し合わせて0、という条件は護《まも》られている。これが「保存」の意味である。

即ち、ロケットの推進原理は、「運動量保存の法則」そのものであり、燃料を勢いよく噴き出せば噴き出しただけ、残った機体は強く加速される、というわけである。

それでは、どのような燃焼機関が優秀なロケットモータとなるのであろうか。これは運動量の定義 mv に従って、以下の掛け算を見ながら考えて頂くのがいいだろう。和の計算の場合に倣《なら》って二数の積が1となる数の組を考えよう。これも幾らでも例を挙げることが出来る：

$$1 = 1 \times 1,\quad \frac{1}{2}\times 2,\quad \frac{1}{3}\times 3,\quad \frac{1}{4}\times 4,\quad \frac{1}{5}\times 5,\ldots$$

運動量 mv には、質量と速度が〝同等の資格〟で入っているので、同じ運動量が1の場合でも、上の計算で明らかなように、質量が半分になれば、速度は倍、質量が三分の一になれば、速度は三倍というように、組合せは色々と考えられる。これは話を逆転させて、質量が二倍になれば、速度は元の半分、と読み替えても全く同じことである。

従って、同じ大きさの運動量を得る場合でも、ロケットの推進機関は、燃料の質量 m を大きくするか、その噴射速度 v を大きくするか、という二通りの方針が選べるわけである――もちろん、重い燃料を速く噴き出せれば、それがベストであるが、中々そう上手くはいかない。

同じような議論を、回転の場合の運動量――これを「**角運動量**」と呼ぶ――に対してもすることが出来る。角運動量 L は、並進の場合の運動量 $p=mv$ と比較して考えると分かり易い。その定義は、$L=I\omega$ であり、運動量の場合の質量に対応する I は、「**慣性モーメント**」、同じく速度に対応する ω は、「**角速度**」と呼ばれている。

同じ重さのものでも、重さが中心に集中した物は回しやすく、周辺にあるものは回しにくい。これは日常的に誰もが体感していることであるが、この回し難さの度合い、回転に対する〝抵抗係数〟が、I の物理的な意味である。従って、同じ L を持った回転体でも、I の値を小さくすれば ω が増え、逆に I を大きくすれば ω が減る。これを最も鮮やかに実感させてくれるのが、スケートの〝スピン〟である。

選手は両手を大きく拡げて、自身の重さの分布を外側に拡げ、I の値を大きくして自転速度を緩めている。また逆に、腕を胸の前に組んで I を小さくし自転を速めている。回転運動に入る直前に得た角運動量は、こうした一連の動きの中で一定の値を取るが、それでも、I を大きくしたり小さくしたりすることで、ω を自由に調節出来る。

この原理もそのまま、ロケットに用いられている。ロケットが軸周りの回転を与えられるのは、角運動量を一定に保とう、という自然法則が機体を安定化させるからである。また、その自転速度を緩める為に、ワイヤーで結ばれた錘《おもり》をスルスルッと機外に出して、自らの慣性モーメントを大きくする方法が用いられている。これはその形状から、「ヨーヨー・デスピナー」と呼ばれている――〝ヨーヨーに似た形式のスピンを抑える装置〟との意味である。

ここでは便宜上、運動量を物体の質量掛ける速度、という形で定義した。しかし、これは力学本来の立場に戻れば話が逆立ちしている。本来は〝初めに運動量ありき〟であって、二体の運動量の遣《や》り取《と》りから、〝質量が定義される〟のである――他に重力による定義もある。

運動量が変化する時、そこには〝力が働いている〟、という主張を定式化したものが、「ニュートンの運動方程式」の本質的意味なのである。我が国の高校過程で扱われている、質量掛ける加速度が力に等しい、という運動方程式の表現は、この意味で非常に〝筋が悪い〟。「力＝質量×加速度」という表現から離れて、「**力＝運動量の時間変化**」という表現に転じた時、初めて、ロケットを含む〝我が身を削って動く〟システムの本質が見えてくるので、是非とも一度〝お試し〟頂きたいと思う。

6.3 イオンエンジン

冒頭で紹介した「採点簿」をもう一度御覧頂こう。

電気推進エンジン稼動開始(3台同時運転は世界初)	**50点**
電気推進エンジンの1000時間稼動	**100点**
地球スウィングバイ(電気推進によるものは世界初)	150点
自律航法に成功して「イトカワ」とのランデブー	200点
「イトカワ」の科学観測	250点
「イトカワ」にタッチダウンしてサンプルを採取	300点
カプセルが地球に帰還、大気圏に再突入して回収	400点
「イトカワ」のサンプル入手	500点

繰り返しになるが、これは100点満点の採点を、500点まで延長させたものである。つまり「はやぶさ」は、世界の宇宙開発の常識に照らして〝五段重ね〟の極めて野心的なミッションを遂行しているわけである。

最初の100点は、イオンエンジンの稼働に関するものである。即ち、これが確実に作動し、次世代宇宙機の主力推進機関としての実証試験が成功すれば、それで既に「はやぶさ」の価値は充分に認められる、ということである。

イトカワ到着に至る200点までは、純粋に「工学ミッション」と規定出来る。「はやぶさ」は、ギリシャ神話における学問と藝術の女神ミューゼスをもじった、「MUSES-C」なるコード名を与えられているが、この名称が、「MU Space Engineering Spacecraft（ミューロケットによる工学実験衛星）」の略号であることからも、ミッションの主体が何処《どこ》にあるかが分かる。

しかし、初期の工学実験に成功し、イトカワに到着した後は、小惑星の実体解明という「科学ミッション」が完全に軸となる。そこで、名称も工学実験衛星から、「小惑星探査機」となるわけであるが、これは成長と共にその名を変える〝出世魚〟のようなものだ、と考えればいいだろう。

なお、MUSESにおいて、日本語では〝衛星〟、英語では宇宙機を意味する〝Spacecraft〟となっているのは、設計、製作から打上げに至るまで、最上段のペイロード部分はミッションに依らず衛星で統一されているからである——打上げの班分けでも長く衛星班という言葉が用いられており、これを〝宇宙機班〟などと、ミッション毎に呼び方を変えていたのでは、混乱が生じ非常に危険だからである。

化学推進と電気推進

さて、「はやぶさ」が小惑星探査機へと〝昇格〟する為には、イオンエンジンの稼働が〝最低の条件〟であることが分かった。では、そのイオンエンジンとは如何《いか》なるものか。それは何処が、どう優れているものなのだろうか。

Mロケットのように、酸化剤を用いた化学反応によって燃料を噴射し、飛翔するシステムを「化学推進」と呼ぶ。ロケットは、先に示したように、運動量の遣《や》り取《と》りをして、上昇力を得ているわけである。いわゆる〝反動で飛ぶ〟という説明ではなく、質量を持った燃料を、内部から高速度で放出させることにより、取り出された運動量の分だけ、ロケットは加速される、と考えるのがより適切である。

従って、ロケットの効率を上げる為には、出来るだけ重い粒子を、出来るだけ速い速度で放出したい。しかし、化学推進の場合、燃料の質の改善も、ノズルにくびれを作る空気力学的加速も、共に限界があり、劇的な改善には結び附かない。また、既にロケット全重量の八割以上が燃料なので、さらなる増加は全く現実的ではない。打上げロケットほどではないにしても、探査機の主な重量物が燃料だという状態では、充分な観測装置が搭載出来ず、〝空の箱〟を飛ばすことになってしまう。

推進部・四台のイオンエンジン

先に見たように、同じ運動量を得るにも、質量 m を増やす方法もあれば、その噴射速度 v を上げる方法もある。そこで、電磁場の作用により、高い速度を得る電気推進が、新世代の宇宙機の推進機関として熱望されるのである。

「はやぶさ」に搭載されたのは、世界最新の電気推進機関「**マイクロ波放電式ECR型イオンエンジン・μ10**」である──以後「μ10(ミュー・テン)」と呼ぶ。ちなみに、μはマイクロ波を意味し、同時にミューロケット最上段としての意義を、そして数値は、エンジンの有効口径10cmを表している。従来型の化学推進機関の典型である「ヒドラジン・スラスタ」の噴射速度が、秒速3kmであるのに対して、「μ10」は秒速30kmを達成している。このエンジンの動作原理を概観しておこう。

イオンとプラズマ

我々の身の周りの物質は、電気的には極めて厳密に中性であり、ホンの少し正負のバランスが崩れただけで、そこには非常に大きな力が働く。下敷きを擦って頭に附ければ、髪の毛が総立ちするように、僅《わず》かな電荷の過不足が、具体的に目に見える力となって現れる──電磁気力は重力のおよそ10^{40}倍である。

「原子」は、「原子核」と、負の電荷《でんか》を持った「電子」から成る。原子核は、正の電荷を持った「陽子」と、電荷を持たない「中性子」から成る──電荷を持った粒子を一般に「荷電粒子」と呼ぶ。陽子と中性子は重さがほぼ等しく、電子の1800倍以上あるので、原子の重さは、ほとんどが原子核の重さである。

通常、この電子の持つ負電荷と、原子核の持つ正電荷は厳密に釣合い、原子全体としては中性になっているのであるが、これに外部から力を加えて、電子を剝《は》がした時、残った正の電荷を持つ部分を「陽イオン」、逆に電子を加えて負の電荷を持たせたものを「陰イオン」と呼ぶ。

一般に、物質は固体から液体に、液体から気体にと、その状態を変化させる。気体の温度を上げると、構成分子は解離して原子になり、さらに上げると電子が原子核の束縛を逃れて、全体は陽イオンと電子の混合物になる。これを電離といい、この物質の状態を「プラズマ」と呼んでいる——例えば、蛍光灯の内部は、プラズマ状態になっている。

荷電粒子は、磁場によりその径路を曲げられ、磁力線に巻き附いて旋回運動をする。これをサイクロトロン運動と呼ぶが、この旋回の周波数(マイクロ波の領域)に一致した交流電場を加えると、この電場は粒子にピッタリと寄り添った形で、無駄なく粒子を加速させる為、その速度は飛躍的に高まっていく。これを「**電子サイクロトロン共鳴(ECR**：Electron Cyclotron Resonance)」と云う。ECR機構によって、マイクロ波を連続的に吸収して生じた高エネルギー電子を、ガス粒子に衝突させて生成したプラズマを、「ECR放電プラズマ」と呼ぶ。

イオンエンジンの動作原理

「μ10」は、イオン生成部にこの機構を採用した為、放電電極が不要となり、損耗劣化部分が無くなって、耐久性が著しく向上した。これまでのイオンエンジンは、摩耗する

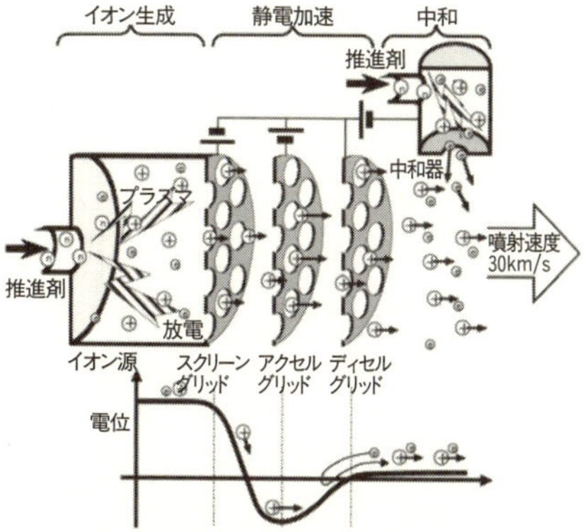

電極の問題を如何に克服するか、が最重要の課題であったが、國中均教授を中心にした宇宙研・宇宙輸送工学研究系のスタッフが、この難問を上記のシステムの採用により、世界に先駆けて解決した。

通信技術の変遷と共に、固定電話、ポケットベル、携帯電話と、仲介する機器を更新しながら、実験の遠隔監視システムを構築し、24時間体制での耐久試験を繰り返した。昼夜を分かたず取り組んだ15年の研究の成果であった。

こうして作ったプラズマを、1kV 以上の静電場で加速させて、陽イオンの形で機外に放出するのであるが、このままでは、機体内部からプラスの電荷がドンドン失われていき、その結果、全体はマイナスに帯電することになってしまう。それを防ぐ為に、「中和器」を外部に設け、そこから電子を噴射して、差し引きの勘定が正負何《いず》れにも偏らないように工夫している。また、この中和器においてもマイクロ波放電が活用されており、エンジン全体の信頼性と耐久性の向上に大きく寄与している。

「はやぶさ」は、最大2.6kW の電力を太陽電池パドルから発生させ、その電力を「μ10」に送り、推進剤であるキセノンを高速で排出させることで飛翔する。このように、推進剤と供給エネルギーを二つに分け、さらにそのエネルギーを太陽から仕入れることによって、〝恐るべき燃費〟のエンジンが開発された――30億kmの行程を走破するのに要するキセノンガスの重量は、僅かに66kgである。

ただし、その推力は極めて小さく、一台当たり8mN（ミリ・ニュートン）である。これは高々《たかだか》紙一枚を支えるほどの力でしかないが、長期間連続で運転すると、まさに〝塵《ちり》も積もれば山となる〟のである。「はやぶさ」は、消費電力350W のイオンエンジンを、最大で三台まで同時稼働させ、24mN の推力で航行する。この時、一日当たり約4m/s の増速が可能となる。

予備を含めた四台のイオンエンジンは全てその推力の軸が、「はやぶさ」の重心を通るように設計されている為、どの組合せで噴射しても、機体が回転することはない。しかし、飛翔中の重心のズレや推力方向の誤差に配慮して、その排出口は最大5度まで、首が振れるように二軸のジンバル機構が搭載されていた。事実上の TVC である――このシステムに、スタッフが望みを託すようになるのは、遙かに後のことであった。

エンジン始動！

「はやぶさ」は、1.0m×1.6m×1.1mの本体に、姿勢制御用の化学燃料70kg、イオンエンジン用のキセノンガス60kgを積んで、二葉の太陽電池と複数のリチウムイオン二次電池を電源に、総重量510kgの機体を制御する。

打上げから一ヶ月余り、各部の動作テストが入念に行われた。イオンエンジンは、稼働に高電圧を必要とする。そこで、機体内部に滞留した無用のガスによる放電現象が起きないように、各部の温度を上昇させて、ガスを排出する「ベーキング」が行われた。A、B、C、D と名附けられた四台のイオンエンジン、その一台ずつに個別に点火し、基本的な性能を確認する。

2003年5月27日、イオンエンジンに初めて灯が灯《とも》った。翌28日、「C」から個別の試験が始められた。出力は80%の6.4m N。理論通りの加速が確認された。続いて二台をペアにしたテストが行われ、さらに三台の組合せが試みられた。その結果、「A」を予備として、残る三台が主力機関として選ばれた。

電極も無く、予熱も無用で、電源部もシンプルな設計になっている。長期に渡る地上耐久試験も難なくクリアした信頼性抜群のエンジンである。しかし、それが〝宇宙で作動するか否か〟は、やはりやってみなければ分からない。

ロケットに貰《もら》った〝貯金〟だけを頼りに飛翔を続けていた「はやぶさ」が、初めて自分の力で大宇宙に乗り出すのである。晴れて〝探査機〟としての御披露目《おひろめ》、襲名披露が出来るだろうか。

6月22日午前11時15分、管制室からコマンドが送られた。三台のイオンエンジンの同時稼働である。電源への負担を考え、B、C、Dの順に時間をおいて点火した。

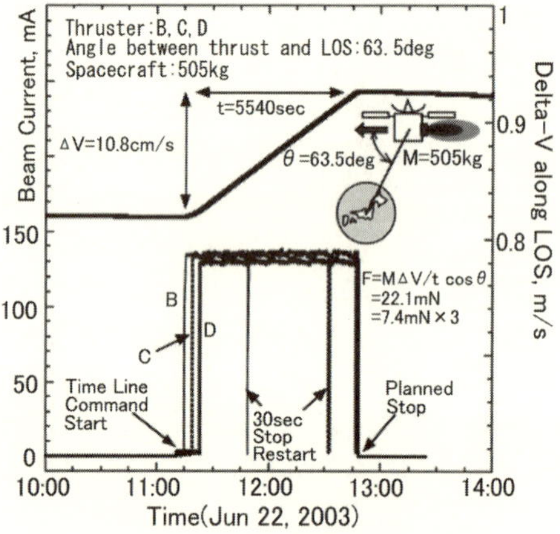

イオンエンジンの始動と速度の増加

「はやぶさ」から送られてくる通信波のドップラー・シフトは、機体の速度が直線的に増加していることを示していた。5540秒のテストの間、何の滞《とどこお》りも無く、エンジンは作動した。地上試験と全く同じ、快調そのものであった。

テストは大成功であった。紙一枚を支えるほどの小さな力であっても、宇宙空間では500kgを越える機体を加速させることが出来るのである。これは理窟の上では理解出来ても、中々実感としては納得出来ないものである。しかし、かつて「ラムダロケット」が教訓を与えてくれたように、〝宇宙では起こり得ることは必ず起こる〟のである。

6月25日より本格的な運用が開始され、7月22日には、第一目標としていた「イオンエンジンの延べ1000時間稼働」に成功した。これで〝100点〟を獲得した。「はやぶさミッション」は、次の目標に向け、大きく舵《かじ》を切った。

イオンエンジンの24時間連続運転が始まった。ここに本当の意味での〝小惑星探査機〟「はやぶさ」が誕生した。

7月25日、地球との距離は毎日30万kmずつ拡がっている。これは光が1秒間に進む距離である。この間、「はやぶさ」との交信に要する時間は、毎日ちょうど2秒ずつ増加することになったわけである。

8月2日午前5時45分、日本初の人工衛星「おおすみ」が大気圏に突入し、消滅した。再突入した位置の直下は北緯30.3度、東経25.0度、北アフリカ(エジプトとリビアの国境の砂漠地帯)。それは、かつて糸川が「おおすみ、成功」の吉報を聞いた場所の近くであった。この出来事は長老達を感傷的にした。

9月12日、地球後方5200万km地点。これは地球と月の間の距離の140倍である。イオンエンジンの稼働時間は三台とも、それぞれが1000時間を超えた。

拡がる闇の世界に〝紫の火花〟を散らしながら、「はやぶさ」は音も無く加速する。もし、この事実を伝えることが出来たなら、泉下《せんか》の芥川は再び絶句するに違いない。

6.4 火曜日に会いましょう

「はやぶさ」は、地球からイトカワまで飛行し、離着陸して試料を持ち帰る。これは、観測を主体とした宇宙機には無かった、〝往復飛行の大冒険〟であるが、この冒険旅行が成立する為には、イオンエンジンを絶えず噴射して、速度、方向を自在に変えられる、ということが大前提である。

従って、イオンエンジン・システム(IES)の噴射計画が運用の軸となる。探査機に送る指令、探査機から送られるテレメトリ(HK)の内容が、その分野の専門家でなくとも、一目瞭然となるように定型化し、支援ソフトウエアも開発して、無用の混乱が生じないようにする必要がある。「はやぶさ」の運用は、臼田の「64mアンテナ」を一日一回七時間半確保して、相模原の宇宙研から行われる。

巡航飛行時の定常運用は、週に一回の「コマンド運用」により探査機の以後の運行基準を確立させる作業と、それ以外の「レンジ運用」によって、位置、速度などの情報から軌道を確定させる作業に分かれており、これを毎週規則正しく繰り返す。探査機の行方を定める「IES噴射姿勢」と、アンテナを地球に向け、高速な通信回線を確立する「リンク姿勢」の間を、リアクション・ホイールを用いた姿勢制御によって往復する。

コマンド運用は、毎週火曜日に行われる。リンク姿勢を取り、中利得(MGA)、或いは高利得アンテナ(HGA)の何れかを用いる。可動式MGAの指向方向の更新、姿勢軌道制御系の軌道要素更新、探査機からのHKの再生などを行う。平常時には、送信したコマンドにより、探査機は一週間後まで地上からの指示無しで計画通りの飛行をする。

ここに至る一週間のおよその行程は、以下の通りである。

先《ま》ず火曜日後半には、探査機からダウンロードされた、「探査機姿勢」「IESジンバル角」「化学スラスタ(RCS)噴射履歴」「推進剤残量」、イオンエンジンの「on/off時刻履歴」などの実データが、サーバに蓄積され、解析ソフトウエアにより整理されて、軌道決定グループに送られる。
翌水曜日、グループは「軌道決定支援ソフトウエア」を活用して、翌週からの軌道を決定する。木曜日には、これらを元に、如何なる加速を与えれば目的の軌道に乗せることが出来るか、という「軌道計画」を行う。
金曜日は「軌道計画」の結果を受けて、具体的なエンジンの設定、姿勢変更などの「運転計画」を立案する。これには「はやぶさ」専用ソフトの中核である「EPNAV(Electric Propulsion NAVigator)」が用いられる。
太陽電池パドルも主アンテナも可動しない「はやぶさ」には、充分な電力発生と、高速の通信回線の確保と、さらに加えて、エンジン出力を希望する軌道方向に沿わせねばならない、という姿勢に関する強い拘束条件があり、そうした条件を充たしながら、イオンエンジンの噴射時間、推力のレベル(100/90/80/65%)、探査機姿勢(推進用/通信用)を決定する必要がある。続けて、「BUS(bus equipment)・共通機器」「AOCS(Attitude and Orbit Control System)・姿勢及び軌道制御システム」「IES」に対して、個別のコマンド生成を行う――コマンド生成の大半が自動化されているが、重要項目は運用者が責任を持って確認している。

ミッションの要求が高度で複雑になるに従って、それを運用する側にも極めて広範囲な知識と人数が必要とされるようになった。そこで、運用に必要な様々な情報を各分野の専門家から集め、これを計算機上に集積し、自動的に参照して運用を支援するエキスパート型の人工知能システム「ISACS(Intelligent SAtellite Control Software)」が、1992年7月の地球磁気圏観測衛星「GEOTAIL」を対象に構築され、その後様々な改善を経て、現在も日々の運用で定常的に使われている。

これは、基本的には二要素：「ISACS-PLN(ISACS-Planner)」「ISACS-DOC(ISACS-Doctor)」から成っている。前者は探査機に送られるコマンド群を、様々な制約条件下で自動的に生成し、後者は探査機の健康状態を自動的に監視・診断する——複数の故障原因を示す「異常診断」は、運用者を混乱させるので、異常察知と情報提示による「異常監視」を主としている。

金曜日の夜、或いは土曜日には個別に生成された「長期軌道計画」「最新の軌道決定値」「臼田局運用割当時間」などを検討し、手順を考慮して全体をまとめ、一つの「コマンド計画インターフェイスファイル」を作成する。これには「はやぶさ」用に改修された「ISACS-PLN」を使う。

土曜日から月曜日に掛けて、このファイルがメーリングリストによって、運用関係者に配布され確認された後、「衛星管制装置」に取り込まれる「運用手続書」となる。

そして、火曜日に「はやぶさ」に向けて送信される——作業は、メーカーから派遣された運用支援者が行う。

管制室では、探査機の状態が手際よく確認出来る「衛星状態監視装置」がある。これは、最も重要なテレメトリ、設定項目の一括《いっかつ》チェック、データのグラフ表示機能を持っている。また「共通QL(Quick Look)」と呼ばれるテレメトリ表示があり、搭載機器別・目的別の表示枠を持っている。リアルタイムのテレメトリと、探査機の再生データを表示する。過去の取得データを再生する(ディレイルック)機能や、時系列数値表示機能、閾値を超えた異常値に関して、黄色や赤色で表示して警告を発する機能などがある。「姿勢軌道制御系QL」は姿勢軌道制御系専用であり、リアクション・ホイールの回転数、太陽センサの角度指示値などのグラフ表示、スタートラッカの視野確認などの機能を有する。これにより、運用支援者は姿勢履歴、エンジン噴射履歴、方向履歴などを軌道決定グループに提供する。
「マヌーバーモニタ」は、軌道決定グループによって作成されたソフトウエアで、通信に用いられる電波のドップラー効果を利用して、探査機・地球間の視線方向速度の時々刻々の変化を計算することが出来る。受信レベルが低く、通信速度が遅い場合でも、10秒周期でドップラー情報が得られるので、イオンエンジンの動作確認は、ほぼリアルタイムで可能である。テレメトリデータや地上設備情報は、「EDISON(Engineering Database for ISAS Spacecraft Operations Needs)」によって、ネット経由で運用関係者に提供されている。

6.5 スウィングバイ

主エンジンが稼働した。推力も計算通りに出ている。ここは、「全速前進、後は目的地まで一直線！」と、アニメの主人公のように宣したいところであるが、誠に残念ながら、そうはいかない。地球は動き、イトカワも動いている。将来の位置は事前に計算出来ても、地図上の二点を定木《じょうぎ》で結ぶようにして、宇宙機の軌道とする訳にはいかない。

我々の周りは、重力という名の〝歪み〟で充ちている。太陽は最大の歪みを周囲にもたらし、八つの惑星を捉えて離さない。また、惑星は惑星で、その周囲に多くの衛星を抱えている。月が地球から離れられないのも、我々が舞い上がることが出来ないのも、全ては重力の為である。
「万有引力」とは、質量を持つ全ての物質が、互いを縛り合う無数のロープを張り巡らしたもの、と譬《たと》えることも出来るだろう。太陽が地球を引けば、地球も太陽を引く。地球が我々を引き、我々自身も地球を引いて、さらには太陽すらも引っ張っている。この相互関係は、あらゆる物質に拡がっている。

こうした歪みの渦の中を、宇宙機は航行しなければならない。目の前の、その瞬間瞬間での、最も影響の強い相手と格闘しながら、自らの進路を決めていかねばならない。到底、真《ま》っ直《す》ぐになど進めないのである。

ロケットの胎内に居た時は、地球の重力が全てであった。その殻を突き破って、宇宙に飛び出た今は、太陽の重力が相手である。人工衛星から人工惑星へ、そして自由な宇宙の旅人へ、と歩を進めていく為には、無駄なく無理なく、その軌道を設計しなければ、アッと云う間に、巨大な重力の虜《とりこ》になって、永遠に抜け出すことの出来ない、環《わ》の中に閉じ込められてしまう。

軌道計画に安易な〝一筆書き〟は無い。それは何十、何百という曲線の束を、互いに矛盾無くつないで作る〝スペースアート〟の世界である。ここで右に、それから左に、と細かく軌道を変えて目的地を目指すところから、これを〝スペースゴルフ〟と呼ぶ人も居る——最高のゴルファーがタイガー・ウッズなら、最高の軌道設計者はコスモ・タイガーと呼ぶべきであろうか。

重力が支配する世界では、〝楕円〟は特別な地位にある。重力源が一つの場合、楕円軌道に沿うことで、二点の間を最小のエネルギーで移動することが出来るのである。

軌道計画において、エネルギーと時間は、互いに交換出来る〝良き相棒〟である。それは特急券を買えない者が、各駅停車で、自らの時間と引き替えにして、遠隔地までの旅を続けることに似ている。エネルギーの乏しい〝貧乏な旅人〟は、ゆっくりと時間を掛けながら、何種類もの楕円を切り張りして、自らの進路を決めていくのである。

質素倹約を旨とした我らが探査機には、エネルギーが足りない。足りないエネルギーは、時間で代用するしかない。それでも足りない分は、誰かに借りるしかない。しかし、借りるにしても、やはり少々は元手が要《い》るのである。「はやぶさ」は、イオンエンジンを全開にして、先ずは〝速度を貯金する〟ことにした。地球の公転軌道から外へと膨らんで加速し、地球を追い掛ける形で、さらに速度を稼ぐ。そして、およそ一年後に、その背後から再び軌道上に躍り込んで、公転速度をそっくりそのまま頂戴して離脱しよう、という作戦である。これを「スウィングバイ(Swing-by)」と云う——より直接的な表現として、英語では「Gravitational slingshot(重力パチンコ)」と呼ぶ場合も多いようである。

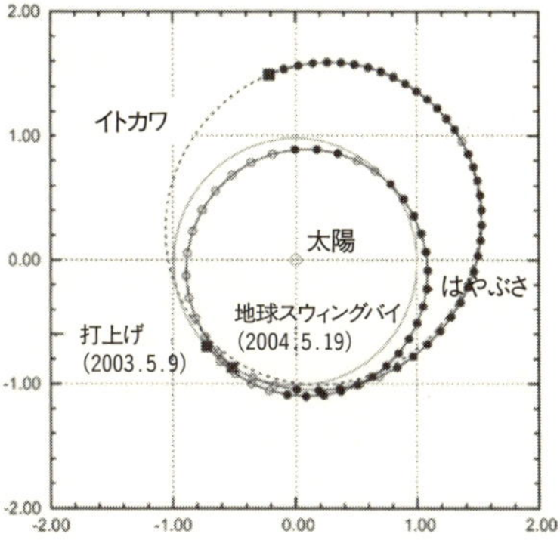

最初の二年間の軌道

これはマラソンランナーが、伴走車に飛び乗るような軽業である。しかも、車から飛び降りた後も、その速度は上乗せされたままである。しかし、上手い話には裏がある。こうした〝大自然のカタパルト〟に乗る為には、極めて精密な位置と速度の制御が必要である。この制御に失敗すると、二度とやり直しは利かない。地球に衝突するか、宇宙の果てまで飛ばされてしまうか、の二つに一つである。

宇宙研は、この技術を「ひてん」で初めて試みた。月の公転軌道に沿う「加速スウィングバイ」、逆行する「減速スウィングバイ」を合計10回行って、軌道の精密制御技術を磨いた。以後、スウィングバイは、「GEOTAIL」「のぞみ」の運用にも活かされ、我が国の制御技術の高さを示すものとなっている。

8月に「おおすみ」が消滅し、10月にJAXAが誕生した。二つの象徴的な出来事が、人々の記憶を蘇らせた。

地上の喧噪《けんそう》を余所《よそ》に、「はやぶさ」は着々と速度を稼いでいた。イオンエンジンを主たる推進機関としている宇宙機が、スウィングバイに挑戦するのは世界初のことである。

10月28日には、「太陽フレア」と呼ばれる黒点周辺での大規模爆発が起こった。その影響で太陽電池の出力が僅かに下がった。また、飛来した放射線によって、半導体メモリの内容が反転する「SEU(Single Event Upset)」という現象が生じた。

旅立ちは順調であった。しかし、道中は途方もなく忙しい。目的地に着くまでに、やっておかなければならない器械検査が山のようにある。この段階から、順番に作動試験と較正をこなしておかないと、折角《せつかく》現地に到着しても、適切な値が獲れず、理学観測が意味を失う。

「**蛍光X線スペクトロメータ**(XRS:X-Ray Spectrometer)」は、小惑星表面の主要元素(マグネシウム、アルミニウム、ケイ素、硫黄、カルシウム、チタン、鉄など)の組成を調べる装置である。太陽X線が小惑星表面に照射されると、光電吸収と呼ばれる現象によって表層岩石中の原子がエネルギーを吸収し、その元素に固有なX線(蛍光X

線)を放射する。これにより元素組成が分かるのである。
「はやぶさ」のXRSは、世界初のアイデアである「標準試料ガラス板」を搭載しており、その試料からの蛍光X線を同時観測することで、強度が時間変動する太陽X線の補正をする。
「はやぶさ」は加速・減速を繰り返す探査機なので、姿勢制御も、地上との交信も非常に忙しく、理学観測の為の時間が容易に取れない。そうした合間を縫って、週に一度、三時間だけ、XRSの定期観測が行われていた。
2003年12月29日、機器の調子を整える為に、打上げ以来使われてきたソフトウエアの更新が行われた。予備観測、修正、ソフトの更新、全て上手くいった。イトカワ到着後の活躍が大いに期待されるところである。

6.6 軌道制御の精華

明けて2004年1月30日、「μ10」と同型エンジンの地上試験が終了した。打上げ後も連続して行われていた兄弟機の稼働試験は、通算2万614時間(約859日間)となった。これは、ミッションで想定されている総運転時間の1.3倍に相当する。
こうした〝後方支援〟こそ重要である。宇宙と地上で、並列に試験が行われていれば、何か問題が生じた場合、直ちにそれに対応することが出来る。他人任せにせず、「自前で作る」ことの意義が、こんなところにもある。

「はやぶさ」は重力の谷間を縫って、自身で軌道を選べる宇宙機である。イオンエンジンの力によって、軌道は瞬間毎に変化する。これは、要所要所で単発の強い加速を行い、後は物理法則に従う、という従来型の軌道制御とは異なり、非常に繊細で手間の掛かる方法である。そして何より独創的である。

イオンエンジンの持続的ではあるが低い推力と、スウィングバイによる地球重力の補助を組合せて、宇宙機により高い速度を与える新しい技術が、川口教授により提案されてきた「EDVEGA(Electric Delta-V Earth Gravity Assist)」戦略であり、「はやぶさ」はこの技術立証を行う実験機でもある。

3月31日、スウィングバイに向けての最終的な軌道調整の為、イオンエンジンは停止された。

4月9日、地球後方1500万km地点通過。

4月16日、JPLのオストロ博士らによって実施されたレーダー観測による「イトカワの形」が公表された。

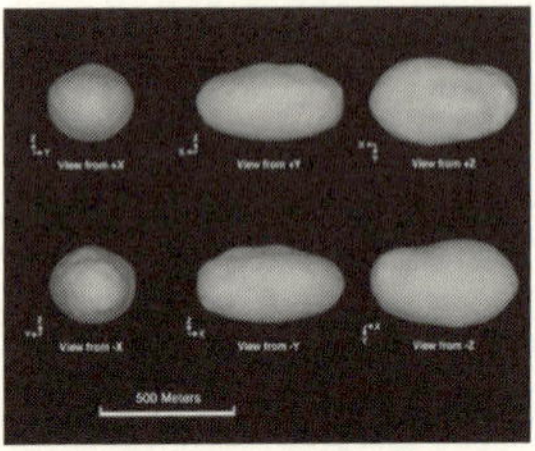

JPLレーダーモデル(by S.J.Ostro et al., Meteoritics and Planetary Science)

4月20日、軌道の微調整を行った。

5月12日、同じく軌道の微調整。地球後方250万km地点通過。

軌道の微調整には、瞬発力のある化学スラスタを用いたが、速度制御量は、僅かに毎秒27cm程度であり、充分イオンエンジンによって制御出来るレベルであった。しかし、ミッション全体の確実性を確保する意味から見送られた。「スウィングバイとイオンエンジンの組合せ」、これ自体が世界初の試みであるが、仮に、スウィングバイに必要な精密軌道制御の全てをイオンエンジンのみで行った場合、惑星探査の世界において、当分破られる心配が無い〝空前の世界記録〟となるものであった。

イオンエンジンの駆動により、この一年間に、約700m/sの速度を上乗せしてきた。スウィングバイに必要な軌道の精度は、位置の誤差1km以内、速度誤差1cm/s以内、という極めて厳しいものである。地球上空にポッカリと開いた、直径1kmの小さな小さな窓に向けて、秒速30kmで突入して行くのである。位置がズレても、速度が速すぎても遅すぎても、「はやぶさ」は本来の軌道に戻ることは出来ない。イトカワへ辿り着くことは出来なくなるのである。

昼側から入り、夜側を通り抜けて行く、地球通過の約26分間に渡って、「はやぶさ」から太陽は見えない。日陰では、太陽電池は使えない。フルに充電された電池だけが頼りである――この電池は、100%充電をすると劣化が進む特性を持っているので、通常は控え目に充電されている。

「はやぶさ」の自律航法は、画像処理技術が支えている。その為に狭視野一台、広角二台からなる「**光学航法カメラ**(**ONC**：Optical Navigation Camera-Telescopic and Wide angle views)」を搭載している。地球スウィングバイは、これらの装置の較正と性能試験を行う絶好のチャンスであり、同時に〝藝術〟としての地球映像も期待される。〝航法カメラは広報カメラにも通じる〟のである。

特に、狭視野カメラは航法と観測の両方に用いられる為、一台に二つの名前が附いた。技術的側面を強調する場合には「**狭視野光学航法カメラ**(**ONC-T**)」であり、科学的側面を強調する場合には「**小惑星多色分光カメラ**(**AMICA**：Asteroid Multiband Imaging Camera)」である。

AMICA：後部の円筒がフィルタホイール

このカメラには、0.012㎜角の画素が約100万個(縦1024×横1000)並んだCCD(電荷結合素子)、及び「ECAS(Eight Color Asteroid Survey)」と呼ばれる八種類の色フィルタ、偏光子《へんこうし》が組み込まれている――その中、1バンドは航法用のワイドバンドフィルタに用いる為、分光用としては七種となる。

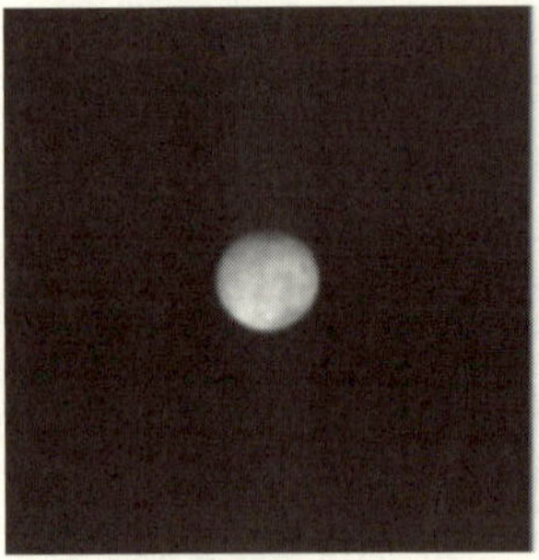

5/16 距離71万㎞

5/17 距離34万㎞

5月16日午後8時30分、月の裏側の写真を撮る(月との距離71万㎞)。月は重心の位置と幾何的な中心が一致していないので、常に回転を止める方向に地球引力が働く。従って、地球上からその裏側を見ることは出来ない。

翌日の午前3時、後方91万㎞地点より地球の写真を撮

ONC-T による
〝地球〟の撮像

る。午後8時、月の裏側写真(月との距離34万km)。

18日午後10時、「はやぶさ」は距離29万5千kmから、期待通りの非常に魅力ある写真を送ってきた。

「はやぶさ」が地球の夜側に回った際、太陽電池の発電量はゼロになる。これに〝驚かないように〟自律判断機能に制限を加えた。スウィングバイ実行まで後一日。準備は万端整った。

19日昼12時30分、地球との距離6万km。

台風二号、三号の影響を受けて、日本上空まで伸びた前線の雲が陸域をすっかり覆ってしまい、折角のシャッターチャンスが、台風の渦ばかりになってしまった。

「はやぶさ」に必要な位置と速度は既に与えてある。後は、完璧な技術を持ったハスラーのように、起こるべきことが目の前で起こること、を楽しみに見守るだけである。

5月19日午後3時、「はやぶさ」は臼田局の受持ち範囲を超えて、地球の夜側に回り込んで行った。そしてその22分後、東太平洋上空(西経141度、南緯3.5度)・高度3700kmの地点で地球に最接近した。

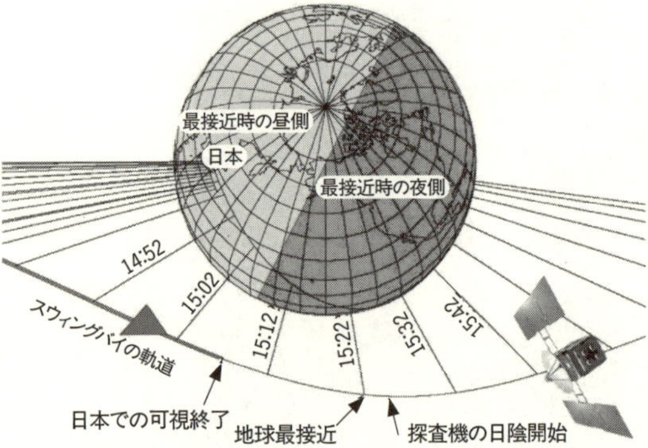

僅かばかりの逢瀬《おうせ》ではあったが、「はやぶさ」はしっかりと〝地球からの贈物〟を手にして走り去った。このスウィングバイの成功により、「はやぶさ」の太陽周回軌道速度は、秒速30kmから34kmにまで増した——瞬間的には8km/sの増速。

日本からの可視時間が終了し、夜側に廻《まわ》って、最接近地点を越えていく26分の間、リチウムイオン二次電池を含む全搭載機器は極めて良好に動作した。

スウィングバイ成功に沸く管制室

管制室は、安堵《あんど》と喜びの二重奏に揺れていた。よし、これで行けるぞ、という声が出た。見事な運用と、正確無比の軌道制御の技術に対して、JPLから賞賛のメッセージが届いた。採点簿の「150点」の欄に印が附けられた。

「はやぶさ」は遠ざかる地球を、名残惜《なごりお》しそうに撮り続けた。午後8時、距離9万5千km。同じく9時、距離11万km。翌、午前0時、距離16万km。広角カメラ「ONC-W2」は、次第に小さくなっていく〝故郷〟の姿を確かに捉えていた。

5月23日、「**近赤外線分光器（NIRS**：Near InfraRed Spectrometer）」の調整をかねて、蠍《さそり》座の一等星「アンタレス」の観測を行う――観測は、6月5日にも行われた。

分光器とは、光を波長毎《ごと》に分解して、それぞれの光の強さを調べるものである。近赤外の波長で調べることで、小惑星表面の鉱物の種類や表面の状態が分かる。NIRSは、観測波長範囲850nm～2100nmで、波長分解能23.6nm。対象のある一点（視野サイズ、0.1度四方）を固定して分光するので、その観測には時間が掛かる――（nmはナノメートル：1nm＝10^{-9}m）。

5月24日午前6時、地球から164万km地点。

5月27日、イオンエンジンの運転再開。地球の公転軌道から外へ膨らんで、イトカワの軌道を追い掛けていく。

9月になった。太陽から離れ、太陽電池の発電能力が低下したことを受けて、イオンエンジンの出力を下げた。

10月半ば、さらに出力を絞ると共に、二台の運転に切り替えた。地球との距離、1.3天文単位。

10月20日、相模原の宇宙研では、スウィングバイの成功に勢いを得て、「太陽系小天体サンプルリターン国際科学シンポジウム」、通称《第１回「はやぶさ」シンポジウム〜小惑星イトカワの特徴、試料分析と関連課題〜》が開催された。三日間の会期中、100名近くの参加者により活気ある議論が行われた。

11月11日、及び**18日**、NIRSによる火星観測を行う。得られた分光データから、火星における反射スペクトルを計算した結果、火星大気のCO_2と思われる吸収バンド、及び火星表面物質の反射スペクトルが求められた。

そして、**12月**。地球周辺では、2.6kWもあった太陽電池の発電量も、太陽から離れるに従って、まさに〝理論通り〟にドンドンと落ち込み、年明けには1kW程度しか期待出来ない。イオンエンジンは一台のみの稼働となった。

12月９日、イオンエンジンが、延べ2万時間の稼働に成功した。この間のキセノンガスの消費量は20kg。増速量は1300m/sである。エンジンそのものは快調である。

しかし、旅はまだ始まったばかり。順調すぎる出足は、人を不安に駆《か》るものである。吉凶禍福は人知を超えて、何時も〝突然起こる〟のだから。

――イトカワ到着まで、後277日――

第7章

遂に来た、イトカワ！

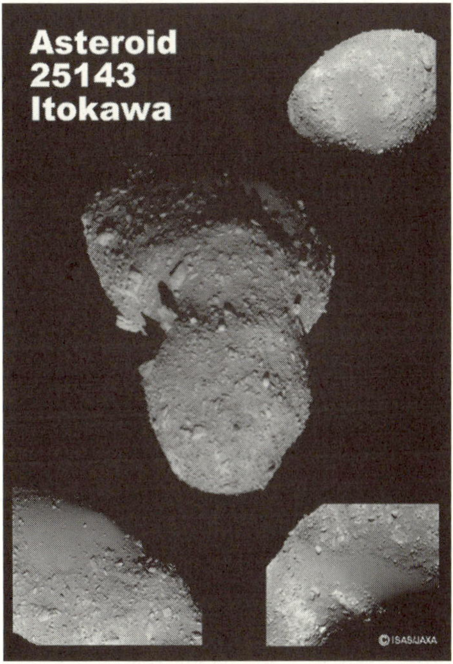

7.1 太陽の彼方で

2005年２月18日、遠日点《えんじつてん》通過。太陽との距離1.7天文単位。電気推進による宇宙機としては、史上最も遠くまで来た。それは最も発電状態が悪くなる位置でもある。

「はやぶさ」は電力が全てである。出来る限り太陽の近くで、出来る限り太陽電池パドルを太陽に正対させて運用しないと、制御や通信や推進は言うに及ばず、〝体調管理〟さえままならない。〝もっと光を！〟である。

宇宙は極端な場所である。極端に熱いか、極端に寒いか。宇宙に春秋の陽気は望めない。日陰と日向で、温度差200度は当り前という厳しさが、人を機械を育ててくれる。

体調管理の第一は、機内の温度調整である。宇宙機には、各部分に個別にヒータが附《つ》いており、出来る限り温度の上下動が均《なら》されるように工夫されている。しかし、100ヶ所を越えるヒータに、同時に電源が入ってしまうと、電力不足が生じて、全システムがダウンしてしまう。そこで、「はやぶさ」は、状況に応じてヒータの優先順位を判断し、消費電力がなるべく平滑《へいかつ》化されるように工夫した「ヒータ制御回路(HCE：Heater Control Electronics)」を採用した。

「はやぶさ」のミッション計画は、惑星間飛行から、イトカワでのサンプル採取に至るまでの間に、「CP(Cruising Phase)」「AP(Approach Phase)」「GP(Gate Position)」「HP(Home Position)」「XT(eXTended observational phase)」「XO(high phase angle Observation)」「TO(Terminator Observation)」「TD(Touch Down)」の八段階に分かれており、各段階とその遷移《せんい》期間に各種の理学観測を行う。着陸に必須であるイトカワ形状モデルを作る為に必要な撮像は、GP、XO、TO で行われるが、主にGPにおいて撮られたものを使う予定である。

５月25日、「はやぶさ」は地球から最も遠い地点に居た。2.5天文単位、３億８千万kmの彼方である。通信の往復に要する時間を考えただけで溜息《ためいき》が出る。しかも、イオンエンジンによる航行中は、最も低速の「8bps」での通信しか出来ない。

ここで「bps」とは、〝Bits Per Second〟の略であり、１秒間に何「ビット」の情報を送れるか、を意味している。さらに「ビット」とは、〝binary digit〟から転じた言葉で、二進数の一桁、通常「0」「1」を用いて表される――これは、「前・後」「左・右」「裏・表」「光・闇」「○・×」等々、〝二者択一〟に関する情報の最も基本的な単位である。

従って、１秒間に８ビットとは、具体的に数値で表せば

00000000，00000001，00000010，00000011，...，11111111

という二進八桁《けた》、或いは「256種類の記号(十進数なら０から255)」を、一塊《ひとかたま》りとして転送することを表している。

これがどれくらい〝遅い〟かと云えば、384Kbpsから1Mbpsへの移行を目指している、昨今の携帯電話事情から容易に想像出来る。仮に384Kbpsとすると、これは8bpsの４万８千倍であり、携帯電話で1秒で送れるデータが、「はやぶさ」の場合、４万８千秒、即《すなわ》ち13時間以上掛かるということになる。

海外に基地局を持たない我が国の現状では、一日の通信可能時間はおよそ８時間に限られている。このことを考え合わせると、まさに気が遠くなる遅さである。

こうした貴重な通信を無駄に使わないように、「はやぶさ」は自らの内部を常に監視して、何か異常が発生した場

合には、それを優先的に地上に知らせるようにプログラムが組まれている。低速でも効率良く、時間が掛かっても確実に、〝救命信号〟が出せるようになっているのである。

地球の公転軌道より外側を回っている惑星が、太陽の裏側に回り込むと、地球からは見えなくなる。この現象を「合《ごう》」と呼んでいるが、7月に入ると、「はやぶさ」がちょうど太陽の向こう側を通り、太陽から放出される高温・高密度のプラズマの影響を受けて、交信が難しくなることが分かっていた。交信状態が悪くなると、「はやぶさ」の位置を正確に把握することすら難しく、イトカワへの接近、着陸はほとんど不可能となる。

これを避ける為、イトカワへの到着時期は、「合」以前の6月に設定されていたのであるが、2003年10月の太陽フレアによる影響で太陽電池パドルの出力が僅《わず》かに下がり、イオンエンジンを全開で稼働させることが難しくなった為、「合」明け以後の9月に延期されていた。

太陽の中心から視野角3度を〝通信上の「合」〟と定義し、その範囲の中に入る**7月4日**からの運用を「合運用」として、様々な自律機能を活かした状態にプログラムした。イオンエンジンも停止した。「スタートラッカ(STT：STar Tracker)・星姿勢計」が、標準的な星座を捉え、自身の持つデータベースと比較して、航行に必要な位置情報を提供していく。

28日には「合」も明け、「はやぶさ」は予定通りの位置に、きちんと制御された状態で戻ってきた。

早速、**29日**から、スタートラッカでイトカワを捉える作業が始まった——これは30日、8月8日、9日、12日と続き、延べ24枚の写真が撮られた。地上からの電波観測と、搭載《とうさい》カメラによる計測を合わせた「複合航法」によって、速度情報の大きな誤差を修正し、探査機を目的地まで誘導する、という世界初の試みは成功した。これによって、「はやぶさ」の軌道決定の精度は著しく向上した。

管制室も、**30日**からは通常の態勢に戻された。いよいよイトカワへ最後の一踏ん張り、減速過程に入る時期がやって来た、と思ったその矢先、心配していたことが現実になってしまった。嫌な予感は当たってしまった。

7.2　今、約束の地へ

軌道の修正が〝一大イベント〟であった従来型の探査機と異なり、「はやぶさ」はイオンエンジンによって、日常的に軌道修正を行いながら運用されている。方向を制御しているのは、「**リアクション・ホイール**(**RW**：Reaction Wheel)」と呼ばれる高速で回転する〝はずみ車〟である。

三次元のどの方向に向かっても、独立に制御出来るように、「はやぶさ」には、この装置が三基、互いに直交する三軸 x, y, z にそって配置されている。

7月31日、RW の x 軸用一基が全く機能しなくなった。

事前に若干の温度上昇が報告されていた。軸受け周りの摩擦によるものではないか、と推察されていた。

可動部分のある機械は、それが無いものに比べて信頼性が大きく落ちる。中でも RW は、内部ではずみ車が常時回転するという構造上、しばしば問題を起こしてきた。「ハッブル宇宙望遠鏡」の RW が故障した際、シャトルの乗組員が船外活動で交換した話は、特に有名である。

要注意の装置であるだけに、準備は怠りなかった。直《ただ》ちに残った二基による姿勢制御プログラムが立ち上げられ、何事も無かったかのように、日常的な運用が始まった。若干の手間とぎこちなさは感じるものの、この程度のアクシデントでは、驚く者は誰も居なかった。大きな故障も無く、ここまでやってきた。一つぐらいは何かあるだろう、その程度に考えていた。しかし、誠に残念ながら、この故障によって期待した精度では出来ない観測が生じたことも、また事実であった。

「はやぶさ」は行く。イトカワまで残り僅か。

スタートラッカは、7月29日より休むことなく、眼前の小惑星を追い続けている。明暗の時間変化を調べ、自転速度が求められた。明暗のパターンは、推定されているイトカワの形状から導かれるものと、ピタリ一致した。それがイトカワである、という揺らぎの無い自信が得られた。二週間に渡って撮影された写真を並べることで、その軌跡が描かれ、「はやぶさ」の進むべき軌道が更新されていった。

8月12日、イトカワまで3万5千㎞、38m/s で接近。

8月14日、イトカワまで2万8千㎞。

8月23・24日には、狭視野光学航法カメラ(ONC-T)もイトカワを捉えた。遂に〝視野〟の中に入ってきた。

8月28日、イオンエンジン停止。距離4800㎞、速度9m/s。打上げ以来2年4ヶ月、遂にイオンエンジンは往路を完走した。延べ作動時間は2万5800時間、単体の最長作動時間は1万時間を越えた。その間、キセノンの消費量は22kg、1400m/s の加速を実現した。

ここからは、化学スラスタを用いてさらに減速し、イトカワの公転面に沿って接近する。

9月1日、距離1900㎞、時速18㎞で接近中。

9月4日、深夜0時10分から15分間、AMICA を用いた反射スペクトルの観測が行われた。ul(380nm)、b(420nm)、v(540nm)、w(700nm)、x(860nm)、p(940nm)、zs(1000 nm)の各フィルタに関してデータが獲られた――括弧内は波長(単位はナノメートル)。

また、スペクトルが既に分かっている〝標準星〞を用いた較正観測が続けて行われた。同時に、イトカワ到着時に使用されるレーザ高度計の送信試験が実施された。

同日のイトカワまでの距離は1000㎞、時速10㎞で接近中。もはやそれは幾何学的な点ではない。カメラは、数ピクセルの拡がりのある像としてイトカワを捉えていた。

９月５日午後６時10分より、翌**６日０時30分**までに撮影された20枚の画像を元に、自転するイトカワのアニメーションが作られた。自転は予想通り、地球とは逆の向きであった。

９月７日、距離350㎞。時速7㎞で接近中。

９月８日、距離200㎞。午前１時に、AMICAのｖバンドフィルタを用い、偏光子(画像水平方向)を通した撮影を試みる。画像に濃淡が見出されるものの、地形によるものか、表面物質の違いによるものか、現段階では不明。

９月９日、距離125㎞。午前１時15分より、前日と同条件にて撮像《さつぞう》。

９月10日、距離70㎞。午前１時28分、３時11分に撮像し、二枚を比較する。時間の経過に伴って約50度の自転が確認され、クレーターらしきものも見え始める。

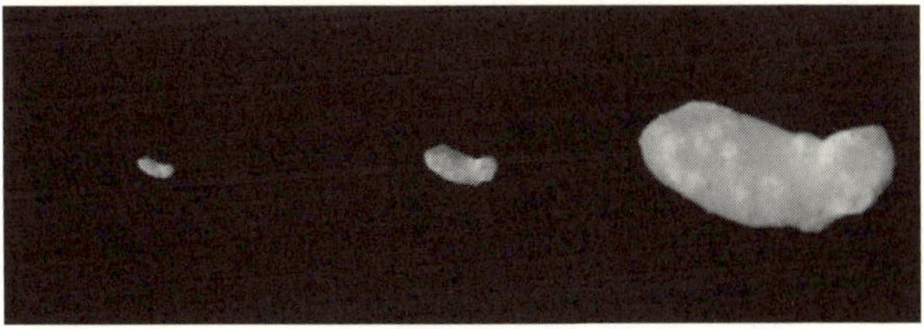

9/9(125㎞), 9/10(70㎞), 9/11(30㎞)

毎日毎日、確実にイトカワは大きく見えてくる。当り前のことに、これほど興奮するのは何故《なぜ》だろうか。〝未知との遭遇〟とは、これほど心躍ることなのだろうか。

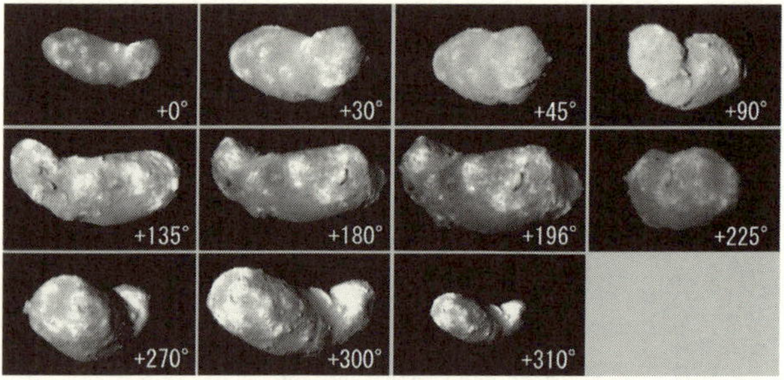

9月11日、12日に撮影された画像(vバンド)を合成

そして、**2005年9月12日午前10時、遂に「はやぶさ」は目的地に到着した。**イトカワ上空20km地点にて静止――この地点が「ゲートポジション(GP)」である。両者の相対速度がゼロになったことを、ドップラーデータは示していた。小さな探査機は、小さな惑星とのランデブー飛行を楽しんだ。それは待ちに待った瞬間であった。

以後二ヶ月に渡って探査は続く。即《つ》かず離れず、間合いを計って目を凝らす。こちらが動かなくとも、相手は周期12時間で自転している。先《ま》ずは〝見る〟ことである。

ラッコにも似たイトカワの基点となる場所には、何か名前を附けなければ、以後の議論が円滑に進まない。そこで、代表的な三地点に関して内部用の名称が提案された。「ミューゼスの海(Muses Sea)」とは、「はやぶさ」のコード名〝MUSES-C〟の音をもじったものであり、地形としては非常になだらかである。「内之浦(Uchinoura Bay)」は、「はやぶさ」の母港・内之浦を記念した。地形はクレータと見做《みな》されている。「ウーメラ砂漠(Woomera Desert)」は、「はやぶさ」搭載のカプセルの回収予定地域である豪州のウーメラ特別制限区域に因《ちな》んだ。地形は大型のクレータと見做されている。

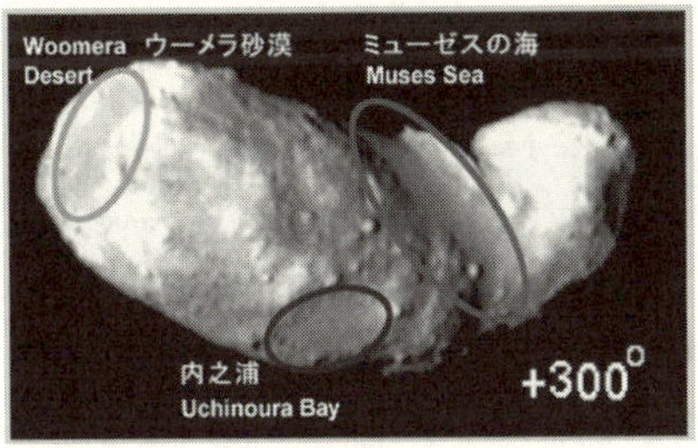

イトカワ上の代表的地名の提案

「はやぶさ」は科学観測を行う場合には、観測機器の視野に入るように位置を制御し、そこで得られたデータを送信する場合には、パラボラアンテナを地球に向ける為に、機体全体の角度を変えねばならない。

有るか無いか分からないくらい微妙な重力と折り合いを附け、半日で一回転するイトカワの上空に、しっかりと足場を築かねばならない。しかも、「太陽輻射圧」の影響も考慮しなければならない。輻射圧は、この地点でのイトカワの重力の十倍もある。まさに〝光に煽《あお》られて流される〟機体を押し留める工夫が必要なのであり、こうした極めて高度な制御を「はやぶさ」は自律的に行っているのである。

取得画像を詳細に分析し、イトカワの三次元重力モデルを作る必要があった。それは〝重力の地図〟である。地図なくしては未知の世界に降り立つことは出来ないだろう。

このように、科学研究の立場からのイトカワ表面の状態観察、内部構造の類推が直ちに、如何にして着陸するか、という工学的な問題に応用される。一台のカメラが、航法と探査の両面で使われていることは、非常に象徴的である。理学と工学の両者が渾然一体《こんぜんいつたい》となって、初めて未知の世界への冒険旅行が可能になるのである。

9月30日、「はやぶさ」は、上空7kmの地点「ホームポジション(HP)」に降下した。秒速5cm、という軌道の微調整を行い、その位置を保持する制御モードに入った。

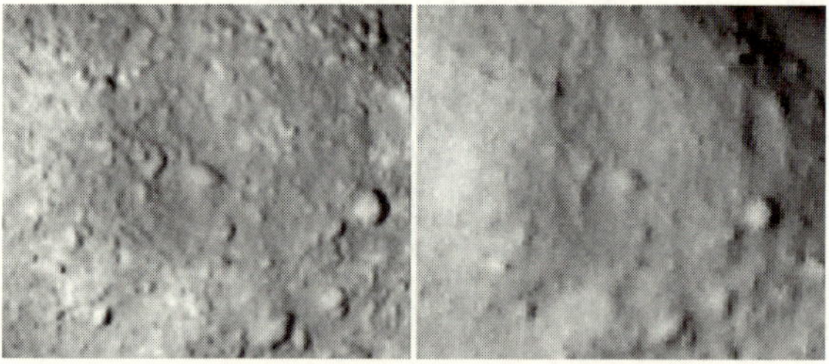

左からHP(7km)、GP(20km)。解像度の違いが明らか

ここからは、科学観測も新しい段階に入る。軌道制御にも問題は無い、搭載機器の調子も良い。管制室を行き交う人達も、はち切れんばかりの笑顔であった。しかし、それも束の間、誰もが声を失う事態が、目の前に迫っていた。

7.3　奈落の底から這い上がれ

10月2日午後11時8分、日本からは運用の出来ない時間帯に、y軸用のリアクション・ホイール(RW)が、最期の悲鳴を上げた。翌朝午前8時30分、二基目の故障が確認された。装置は如何なる復旧作業にも反応しなかった。

管制室に衝撃が走った。宇宙機にとって冗長系は必須のものである。何かが壊れて、ミッション全体が止まるようでは話にならない。しかし、同系統のものが二つも三つも壊れては対応のしようがない。

RWの場合も、二基でも運用が可能であるからこそ、三基目が予備としての意味も持ち、一つの冗長系となっているのであって、それが二基も壊れては手の打ちようがない。如何にRWが故障率の高い装置であるとはいっても、それを四基も五基も予備的に搭載出来るほど、重量的にも予算的にも余裕はなかった。しかも、唯一〝生き残った一基〟が、パラボラアンテナを軸とするz方向用のものであった。この方向が一番使用頻度も低く、他で代用が利《き》きやすいのである。全くツキが無い！

スタッフは皆、一様に打ち拉《ひし》がれていた。もうイトカワには降りられない、と思った者も一人や二人ではなかった。奈落の底に落とされた思いであった。

さらに気を滅入らせたのは、この装置が外国製品だという点であった。加えて、既製品でもある為に、「リバース・エンジニアリング不可」という条件も附帯していた。これは要するに、分解して内部情報を盗《と》られることを恐れての契約で、購入者は全くの〝ブラックボックス〟、即ち、マニュアルに従った〝入出力の関係〟だけが利用出来る、というものである。

もし、こうした条件が無ければ、同種のものを地上で分解し、内部構造を調べて、何か有効な応急処置が出来るかもしれない。製造会社と連絡を取り、様々な議論を重ねてみたものの、軌道上にある装置に対して取り得る対策は限られていた。考えれば考えるほど、悔しさが募った。

ここまでが順調であっただけに、衝撃は強く長く続いた。しかし、「はやぶさ」は飛んでいる。この事実を無視して、何時までも嘆き悲しんでいるわけにはいかない。対策会議が開かれ、現状で使えるものを工夫して、何とか操縦する方法を考えよう、ということで全員が一致した。ここまで来たんだ、何としてもイトカワへ降りるんだ、との決意であった。

「はやぶさ」は、「**姿勢軌道制御用推進器**（RCS：Reaction Control System）」として、箱形の機体の各頂点附近に四基ずつ、さらに中段にも四基、合計十二基の二液式の化学スラスタ（燃料はヒドラジン、酸化剤は四二酸化窒素）が備えられ、A・B二系統に分けて運用されている。これを使って、RWの欠けた部分を補っていくことになった。当然、これまでのような、軸の通った、しっかりとした操縦は出来ないが、何としても「はやぶさ」をイトカワまで降ろし、サンプルを持ち帰らねばならない。まだまだ重要なミッションは目白押しに控えているのである。そう簡単に諦《あきら》めるわけにはいかなかった。

一旦落ちていたスタッフの士気も次第次第に上がってきた。それは、試験的に行ったこの複合的な操縦方法が、想像以上に「はやぶさ」を安定させたからであった。

★ ☆ ★ ☆ ★

この間も、科学観測、航法の補助となるデータ収集は、休むことなく続けられていた。**10月8日**より〝ツアー〟と称して、HPより東西南北に移動し、高度も下げて、極地方の観測が行われた――これは28日まで続けられた。

「レーザ高度計（LIDAR）」よりイトカワに向けてレーザ光線を照射し、反射光の戻る時間を測定することによって、両者の距離を測った。これをイトカワ全体に適用すれば、その形状を立体的に把握することが出来る。

太陽光のイトカワ表面での反射を、「近赤外線分光器（NIRS）」により分析した。この手法により、小惑星表面の鉱物の種類や表面の状態が調べられるのである。

また、航法カメラに映る像の大きさが、イトカワからの距離に応じて変化することを利用して、両者間の距離を求める方法が考案された。元々航法カメラには、写った物体の見える方向と大きさを計算して数値で返す能力があったので、そこに観測データから得られたイトカワの形状、自転の様子などを加えて補正をすれば、〝重い映像データ〟を用いず、〝軽い数値データ〟だけで位置関係を定めることが出来る。これで地上との交信が非常に楽になる。

10月27日、イトカワの衝《しよう》効果を観測。

天体と太陽と観測者が一直線上に並んだ時、大気を持たない天体は、極端に明るくなる現象が知られており、これを「衝効果(Opposition Effect)」と云う——天体に射し込んだ光が、その表面の凹凸により乱反射する確率が、一番低い状態になることから起こる現象である。この観測の為には、角度の誤差が1度未満となるように、「はやぶさ」を制御する必要があった。また、その画像を詳細に分析することで、表面物質の組成や、岩と砂の区別などの情報が得られることも分かっていた。

この場合も、衝効果の有無という理学研究と、それを実際に観測する為の工学技術の実証、という二つの意味があり、以後の降下作業に必要となる航法技術——3億kmの彼方の機体を、100m程度の範囲の中に制御する——が確立された。RW一基と化学スラスタの組合せで、後に続くイトカワ着陸をやり遂げねばならないスタッフにとって、非常に意味のあるトレーニングにもなった。

その足取りが少々危うくとも、科学観測はしっかりと出来るはずである。そして、観測を実行している間に、巧みな裏技を発見して操縦法を更新する。その結果、さらに観測がやりやすくなって、スタッフの意気が上がり、相互の信頼感も増していく、という〝修羅場ならでは〟の好循環が生まれた。ピンチをチャンスに変える、理工一体の結束には凄みさえあった。「総合理工学」とも呼ばれる宇宙開発の、本当の意義がここにある。

着々と〝採点簿〟の点は増えていく。既に200点、250点のレベルにまで達していた。

精密な航法技術を確立すると共に、搭載した四種類の機器による科学観測の全てで成功を収めた。ここまでに、AMICA で1500枚、約1GB の撮像を行い、NIRS では7万5千点、レーザ高度計では約140万点の計測を、イトカワ全域に渡って実施し、X 線分光器にて延べ700時間の積分観測を達成した。

イトカワの地質が、これまでの予想を覆し、極めて多様であることを目撃した。形状モデルを構築し、イトカワの質量、密度推定にも成功した。こうしたデータを総合的に判断して、いよいよ着陸地点が決定される。その候補は「MUSES-Sea 域」と「Woomera 域」の二つに絞られた。

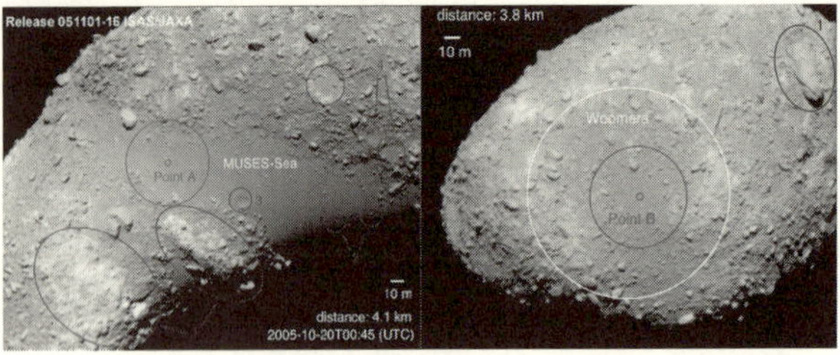

着陸候補地：MUSES-Sea 域(左)と Woomera 域(右)

リハーサル降下は11月４日。降下の目的は、巡航飛行中は調べようがなかった「近距離レーザ距離計」の機能確認と較正。次に、着陸時の光学目標となるターゲットマーカの分離試験、フラッシュランプを照射してのカメラ観測、及び画像処理による識別機能の確認。

そして最後に、探査ローバ「ミネルバ」の投下である。

7.4 世界最小の探査ローバ

惑星の表面を探査する機械を、一般に「ローバ(Rover)」と呼ぶ。これは〝流離《さすら》う者〟という意味であるが、文字通り表面を流離って、各地点の観測をするのである。

「はやぶさ」もこの小さな仲間を搭載している。その名は、「**ミネルバ(MINERVA：**MIcro/Nano Experimental Robot Vehicle for Asteroid)」である。宇宙探査工学研究系の久保田孝と、宇宙情報・エネルギー工学研究系の吉光徹雄、両助教授が手塩に掛けて育て上げた〝一品〟である。

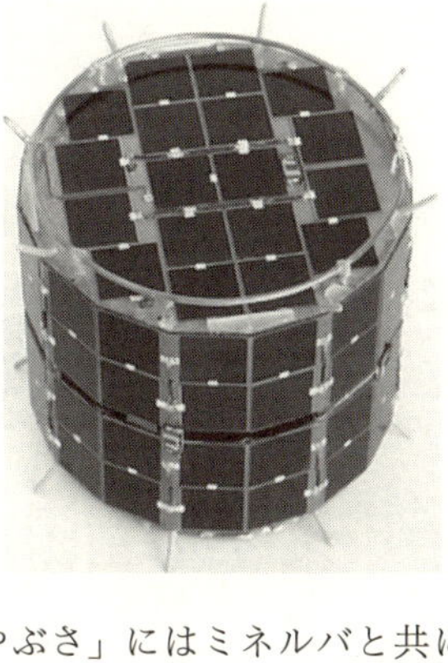

小惑星表面探査ローバ
MINERVA

「はやぶさ」にはミネルバと共に、日米協力の一環として、NASA/JPLのスティーブン・ピーターズ(Stephen F.Peters)らが開発していた超小型ローバ「SSV」が搭載されるはずであったが、火星探査の失敗によって生じた

NASA の資金難の煽りを受けて、予定の重量に収める為の開発手段を失ってしまい、先方から〝撤退〟を申し入れてきた。SSV は、掌《てのひら》サイズの四輪車で、可視及び赤外カメラによって、小惑星表面の観測を行う予定であった。

昨今、学生の衛星設計・製作が、話題になっている。350mlの空き缶を活用した「CanSat」、重量1kg・サイズ10cm立方に規格化された「CubeSat」などが現実に宇宙を飛び、映像を撮り、データを地上局に送ってきている。

ミネルバは、この CubeSat と同程度の大きさであり、重さは遙かに軽い591g である──「はやぶさ」への格納に必要な一式を含めても、僅《わず》かに1457 g である。ミネルバは〝ホップ〟する。重力の小さな惑星上の移動機構として、車輪は不適である。物を動かすのに必要な地面と車輪の摩擦力は、重力が充分にあってこそ生じる。そこで、ミネルバは転がることを諦めて、〝飛ぶ〟ことにしたのである。

押すと押される、回すと回される、作用と反作用は、常に〝一対〟で現れる。ミネルバは、内蔵のモータを回転させ、その反力で地面を蹴って飛び上がる。こうした驚くべき方法が、小さな重力の世界では通用する。携帯電話の

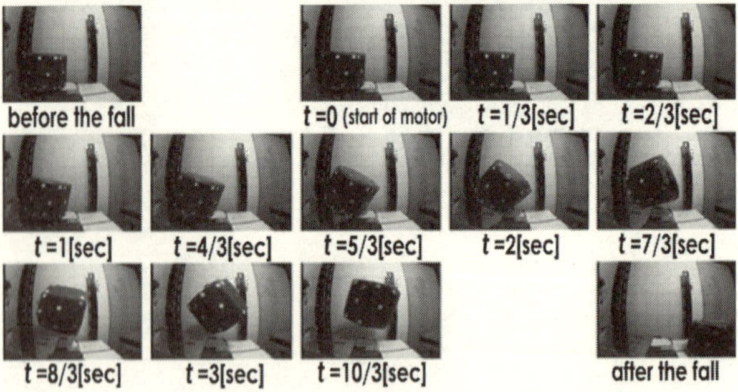

落下塔を利用した無重力実験での挙動

「マナーモード」でも〝移動〟出来るということである。

この機構は、外部に可動部を持たない為、埃《ほこり》対策をする必要もなく、信頼性が高い。移動と制御を同じ小型モータ一台で行うことが出来る。小惑星から離脱しないように、その脱出速度に応じて、ホップする速さを調節出来る等々、非常に多くの素晴らしい特徴を持っている。

如何《いか》に小さくとも、ミネルバは一人前の宇宙機である。移動手段としてのホッピング機構以外に、電源、通信機、アンテナ、コンピュータ、カメラ、データレコーダを持ち、熱制御、姿勢制御、姿勢センサ、観測機器など、独立して探査を行う為に必要な装置一式に加え、「はやぶさ」から分離する為の機構や、データの遣り取りを行うインタフェースも備えている。

形状	正16角柱
大きさ・質量	直径：120mm、高さ：100mm、591g
搭載CPU	32bit RISC CPU(約10MIPS)
メモリ	ROM：512KB、RAM：2MB、 Flash ROM：2MB
アクチュエータ	DCモータ×2(ホップ用、旋回用)
ホップ能力	最大9cm/s(速度可変)
電力供給	太陽電池：最大2.2W(距離1AU)、 二次電池：電気二重層25F、4.6V
通信	9600bps(通信可能距離20km)
搭載センサ	CCDカメラ×3(ステレオ＋単眼) フォトダイオード×6、温度センサ×6

《MINERVAローバ・フライトモデルの仕様》

表面全体に太陽電池セルが貼られており、姿勢に依らず太陽さえ当たれば電力が得られる。表面から突き出しているピンは、着地時の衝撃の緩和と太陽電池の保護の為である。二つのモータが内蔵されており、どの面が下になってもホップ出来るように工夫されている。超小型カメラ三台、温度センサ六個を搭載し、小惑星表面の撮影、表面温度の計測を行う。

ミネルバは、電源である「電気二重層コンデンサ」の充電量、内部機器温度、活動履歴などの状態に応じて自律的に行動する。電気二重層コンデンサは化学反応に依らない蓄電装置であり、電解液中のイオンの物理的移動により電力を生み出す為、長寿命で使用温度範囲が広く、充放電の耐用回数も多く、しかもメンテナンス・フリーであるなど、今後の宇宙機に必須と思われる長所を多く備えている。

また、内部温度によって一部の機能を自動停止させ、残った機能で運用するので、主に小惑星の〝朝・夕〟に活動する。搭載したフォトダイオードにより太陽方向を認識し、朝には夜の方向に、夕方には昼の方向に移動して、内部温度を低くする「サバイバル機能」も有している。

「はやぶさ」の搭載カメラの解像度は、全球観測では最高30cm。表面に接近した時でも、1cm～2cmであったが、ミネルバのカメラは、10cm程度の距離では、1mmを切る解像度を持っている。この高解像度を活用して、岩石そのものだけではなく、構成している鉱物まで観察することを目的としている。カメラは、ミネルバの側面、高さ5cmの所にあり、二台を使って、10cmから50cmの距離をステレオ視で観察する。もう一台は、反対側にある遠方視カメラで、ホッピングで移動中に、イトカワ表面を撮像することを目指している。

ミネルバの特筆すべき特徴として、民生品の小型軽量技術を応用して、極めて安価に作られたことが挙げられる。世界最小、最軽量の肩書きは譲《ゆず》ることはあっても、〝世界一安価なローバ〟という称号だけは当分護《まも》れそうである。

7.5 降下リハーサル

11月4日、リハーサル降下の日がやって来た。

宇宙研・本部棟二階の大会議室は、報道関係者用に大型ディスプレイが置かれ、その後の会見の為の準備がされていた。〝大会議室〟は本部棟の中では大きい、というだけの意味であり、ごく普通の大学の、ごく普通の講義室程度の大きさである。

一方、「はやぶさ」を操っている管制室は三階にあり、これはさらに狭く、高校の理科実験の準備室程度の大きさである。それは、必要人員以外に一人でも入室すれば、たちまち往来に不都合が生じるレベルである。管制室には小型のカメラが置かれた。会議室のディスプレイに、管制室の様子と、他の映像情報が並列に映し出されるように、との工夫であった。

午前4時17分、イトカワ上空高度3.5km地点より降下開始。我が国の惑星探査に〝輝ける瞬間〟が到来した。

遂に一基になってしまったRWと、化学スラスタを巧みに使って、静かに「はやぶさ」は高度を下げていく。残り2km、残り1km、スタッフが固唾《かたず》を呑《の》んで見守る中、高度700m附近において「はやぶさ」の自律航法機能が異常を検知した。

各種のセンサは全て正常に機能していた。しかし、イトカワは自転している。そこへ少々千鳥足気味の「はやぶさ」が降りていくわけである。しっかりと視線を据えて、目標を捉えているつもりでも、頭を振りながら走る外野手には打球が揺れて見えるように、「はやぶさ」には目標地点が揺れて見えていたに違いない。瞬間瞬間に画像処理を行い、一つの目標に向かって姿勢を制御するはずの自律機能が、多数の領域を同時に認識してしまい、どれを選んでいいのか、分からなくなってしまったのである。

RW を失ったことの重大さを、一番大切な場面で思い知らされることになった。元々「はやぶさ」の自律機能は、姿勢制御が予定通り行われていることを前提に、各種の設定値が決められている為、それは無理もないことであった。

人間が関与して、方向を定めている間は、何とかなった水平方向への速度の揺らぎも、自律的に航行させる場合には、その判断能力を超えることが、これでハッキリとした。

12時30分、地上から以降の試験を中止し、直ちに上昇に転ずるよう「はやぶさ」に命令が送られた。「近距離レーザ距離計(LRF)」に関するデータは集められたが、その他、予定されていた各種の試験は持ち越しとなった。

しかし、大きな収穫も得られた。それは、ウーメラ域は予想以上に多数の大きな岩石に覆われているので、着陸して試料を採取するには全く不向きである、というさらに厳しい条件をスタッフに課するものであった。

それは間接的に、「ミューゼスの海」が唯一の着陸可能地点であることを意味していた。そして、この領域に着陸する為には、我が国の深夜帯に降下を開始するしか手がない。それは即ち、海外局の中継に頼る、ということである。

イトカワは、地球のほぼ半日を周期として自転している為、その時間帯はズレない。当然、「ミューゼスの海」が地球から見て裏側に回っている時は、「はやぶさ」はその陰に入るので論外であり、結局ちょうど一周回ってくるのを待つしかない、ということになるわけである。

午後4時30分より川口教授の記者会見が行われ、一連の事情が説明された。詳しいことは、この時点では余り分かっていない。運用を中継していたNASAの基地局から転送されるデータの、一刻も早い解析が待たれた。ただ、管制室の誰もが〝ある種の限界〟を感じていた、それを克服しなければ、決して前へは進めないような……

★ ☆ ★ ☆ ★

11月9日、降下試験が行われた。その実態は「航法誘導機能試験」であり、〝限界〟を超える為の勇気あるチャレンジであった。

教授も助手もない。上司も部下もない。科学者も技術者も、大学もメーカーも何の区別もない、目的達成の為に全てを捧げる人間だけがスクラムを組んだ、必死の団体戦が今、始まろうとしていた。プロジェクト・マネージャーは、この日の試験をマスコミ非公開とすることを決めた。公開しようと非公開であろうと、管制室に部外者が入って来るわけではないが、スタッフに一切の邪念が入り込まないように、との深い配慮からであった。広報対応をするだけの心の余裕は無かった。

機械の〝限界〟は人間が補う、というのが宇宙研が最も得意とする戦略である。「機械は残業をさせても不平は言わない」というのは世間一般の話であって、ここでは不平不満を一切言わないのは、人間の方なのである。

RWが二軸とも機能していない為、化学スラスタを多用した。その結果、水平方向への速度が消し去れず、「はやぶさ」は常にフラフラしていた。しかし、スラスタの効果は管制室で計算可能である。「はやぶさ」は現在位置を正確に取得し、それを地上に送る能力がある。そして、イトカワの詳細画像も既に入手済である。

地図があって、探査機の位置や挙動の計算が出来れば、それを地上で再現出来るはずである。〝言うは易く行うに難しい〃この方法に、何の躊躇《ためら》いも無く取り組んだ。瞬時の対応をする為に、瞬時にプログラムが作成された。

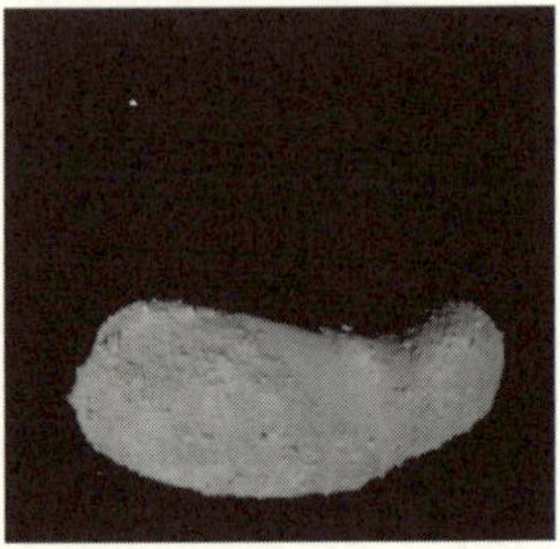

投下されたターゲットマーカが光っている

午前10時、最小高度70mまで降下。再び3km地点まで上昇した後、午後1時に高度500m地点まで再降下をし、ターゲットマーカの投下に成功した。

画像処理に問題は発生せず、地上からの〝人的支援〃も確実に効果を挙げて、水平方向の揺らぎは充分に抑えられた。LRF は正常に機能し、機上で距離が正確に計測された。フラッシュランプも問題なく働き、ターゲットマーカは輝いた。その追跡も出来た。「ミューゼスの海」が唯一の着陸候補地点であることも、改めて確認された。

これは、画像処理技術と人間の知恵が、遙か彼方の探査機とタッグを組むことで、初めてもたらされた勝利である。人間は慣れる。良くも悪くも人間は、事に慣れ、何事に対しても驚かなくなる。もう少し小綺麗に云えば、環境に順応する、のである。その想像力は、時空を越えて「はやぶさ」を管制室に引き戻した。あたかも目の前で、降下試験が行われているかの如くに操る術を、アッと言う間に身に附けてしまった。

ならば、先回りして地上で結果を計算し、電波の往復に必要な時間までも先読みして、一歩先、一歩先の制御命令を地上から送って、「はやぶさ」の自律機能を補ってやればいいのではないか。これはまさに〝脳内制御〟である。時間と空間をねじ曲げたバーチャルな世界を管制室に創造して、そこで「はやぶさ」に踊って貰おうということである。3億kmの彼方の、16分後の世界を想像して、コマンドは送られる。

最新の医療機器を操る医師達が、あたかも自分自身が小さくなって、心臓の奥の奥から、脳内の血管の一本一本にまで入り込んでいくかの如く感じているように、管制室のスタッフにとっては、「はやぶさ」はもはや手足の一部であり、まさに今、自分自身がイトカワの表面に降り立たんと、眼下に広がる岩肌に神経を尖らせているような、そんな感覚になっていた。

第一回のリハーサルの模様は、翌10日、相模原の記者会見で公表された。その場で、内容の詳細と共に、一枚の写真が紹介された。「はやぶさ」の影がイトカワに映った写真である。これは後に、より大きくより鮮明なものが撮られることになる――もはや〝人機一体〟と化しているスタッフの中には、この光と影が織りなす世界に驚かない者も居た。自分の影を見て何を驚いているの、とでも言いたかったのかもしれない。

7.6　ミネルバ・最期の闘い

11月11日午後8時15分、三階の管制室の向かい、「運用室」にある一台のコンピュータから、管制室に一つのコマンドの送信が依頼された。「目覚めよ、ミネルバ！」、探査ローバ・ミネルバの電源が入れられた瞬間である。

マイナス65度の環境の中から、ヒータによって起動に必要な温度であるマイナス50度まで上げるのには、約二時間の時間が必要であった。しかし、イトカワに到着して以来、イトカワが太陽光を反射させて、母船である「はやぶさ」全体を温めていた為、ミネルバの〝寝起き〟は非常に良くなった。ほどなくミネルバは、母船との交信が可能な状態になった。これで明日への準備は整った。

翌12日は、二回目の降下リハーサルの日である。

午前３時、高度1.4km地点より降下開始。慎重の上にも慎重を期して制御を行った結果、予定よりも１時間近い遅れが出た。その為、最低高度地点での運用を海外局に移行させることになった。

姿勢、高度、速度の制御を行った。イトカワは止まっていない。そこに降り立つには、その回転に沿った形で、グルッと周囲を回りながら、降下していく必要がある。「レーザ高度計(LIDAR)」も、「近距離レーザ高度計(LRF)」も共に順調に機能していた。

高度55m地点まで接近した。丸々半日を要した、誘導航法機能の確認作業と、LRFの較正にようやく目途が立ってきた。後は「はやぶさ」の動きに注意しながら、ミネルバ放出のタイミングを計るだけである。

降下中に放出したい。しかし、「はやぶさ」をイトカワ表面に接近させ過ぎるのは危険である。「はやぶさ」は、こうした危機を回避する為に、極端な低高度では、自動的に上昇するようにプログラムされている。

11月12日午後３時７分38秒、放出の指令。

３時24分20秒、「はやぶさ」はその命令を受信し、直ちにミネルバを放出した。その報告が管制室に届いたのは、3時40分を過ぎた頃であった。

ミネルバのカバーが外され、それをセンサが検知した。初めて表記が【not deployed（放出前）】から【deployed（放出済）】へと変わった。打上げからの2年半、開発担当者はこの瞬間を何度夢に見たことだろう。同時にミネルバの動作モードも、管制室からの指令のみに対応する【マニュアルモード】から、自律的に行動する【自律モード】へと切り替えられた。

早速、搭載されている六個の光量センサが、現状を報告してきた。陽の当たらない世界に閉じ込められていたことを示す【still（静止中）】の表示が、【hopping（ホッピング中）】へと変わった。小惑星表面での移動中は、若干回転しながら〝ホップ〟する為、光量センサの値は、それに応じて時々刻々と変化する。表示が変化した理由は、ミネルバがきちんと放出され、回転しながら太陽光を浴びている、という証拠である。

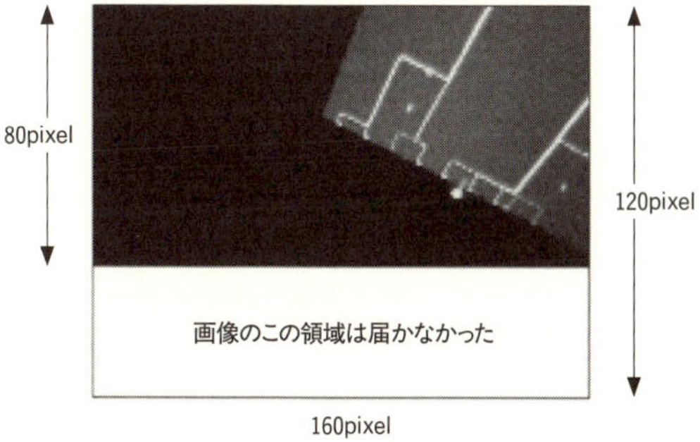

「はやぶさ」の太陽電池パドルの裏側

そして、ミネルバは自身の存在証明を、最も劇的な形で送ってきた。母船の太陽電池パドル裏側の写真である。これは深宇宙探査機を外部から撮った世界初の画像である。

ミネルバはホップして小惑星表面を探査する。その移動毎のミネルバの態勢は、全くの偶然で決まる。従って、撮影される写真は、イトカワが撮れる確率が1/2、真っ暗な宇宙空間が撮れる確率が1/2となる。そこでミネルバには、何も映っていない映像は自動的に削除する機能が与えられているのである。上記画像の下半分が未着であるのは、それが理由である。

ミネルバに使われているOSは、母船のDHU(データ処理計算機)と同じμITRONであり、2MBのFlash ROMに画像を評価した後に保存する——ちなみに母船のAOCP(姿勢軌道制御計算機)用OSはVxWorksである。

そして、情報量の多いものから優先順位を附け、9600 bpsの通信速度で母船に転送。その後、母船から管制室に向けて送られてきたものが、先の写真である。こうした設計通りの流れが、民生品を軸に構成された機器であるにも拘《かか》わらず、宇宙空間においてしっかりと実現されたことは、大きな成果である。また、電源である「電気二重層コンデンサ」も、マイナス65度の極低温下に長く放置されながら、何の問題もなく起動した。放出メカニズムも、自律機能も作動した。温度センサが送ってきたイトカワ周辺の情報も、今後の研究に役立つであろう。

ミネルバの頑張りに応《こた》えるかのように、母船の広角カメラもまた、放出後212秒の時点でのミネルバを撮影した。「はやぶさ」がミネルバを放出した瞬間の高度は約200m、速度15㎝/sで〝上昇中〟であった。これはイトカワの脱出速度に近い数値である。要するにイトカワの重力に引っ張られて、落下していくことが余り期待出来ない速度で、ミネルバは放出されてしまった、ということである。

もはや頼れるものは太陽輻射圧しかない。仮にミネルバがイトカワの周囲を回る衛星になっていたとしたら、輻射圧に押されて、やがてはその表面に落ちていくだろう——しかし、その時はもう母船は居ないのであるが。

降下リハーサルは、非常に大きな成果を得て、無事終了した。航法に関する成果だけではない、空間分解能1㎝を切る「史上最も詳しい小惑星表面の姿」が撮影された。

航法カメラONC-Tは、高度60m～75mからの撮像に成功したのである。この時の空間分解能は約6～8㎜ほどである。これは、大相撲の土俵上の〝一匹の蟻〟が見分けられるレベルのものである。

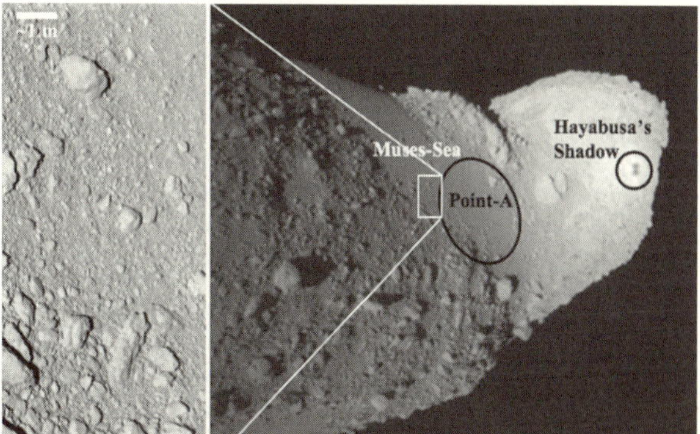

左がONC-T、右がONC-W1による撮像

★　☆　★　☆　★

どうやらミネルバは、イトカワには着かなかったらしい。25億円の巨費を投じたものの開発が頓挫《とんざ》したNASAのローバと、基本開発費が1000万円にも届かないミネル

バ。両者は小惑星上で競い合うはずであった。〝大学院生のアイデア〟として登場したミネルバは、発案者が学位を取り、研究者になって昇進するという10年近い時の流れの中で、少しずつその存在価値を高めてきた。

共同研究者の「IHIエアロスペース」が製作を担当してくれた。日立製作所をはじめ、多くの民間企業が民生品の「宇宙仕様化」に協力してくれた。彼等の援助なくしては、ミネルバは完成しなかったであろう。

ミネルバと「はやぶさ」の間の通信は安定していた。しかし、放出後18時間を経過した11月13日 9 時32分20秒の交信を最後に、それは途絶えた。ミネルバの健康状態は非常に良かった。突然の通信の途絶はミネルバの自損ではなく、恐らくは「はやぶさ」との交信可能範囲を超えて、何《ど》処《こ》かに旅立ってしまった為であろう。

ミネルバは今もきっと生きている。

太陽光を身体一杯に浴びて、データを送り続けているに違いない。イトカワが地球に接近して来た際に、その周辺を探せば、極めて微力な電波を送信している〝謎の物体〟があるかもしれない。誠に残念ながら、小惑星の探査は出来なかったミネルバではあるが、世界最小の〝人工惑星〟として太陽の周りを回っていることは、ほぼ疑いの無い事実なのである。

第III部　人間の詩

第8章

旅路の果てに

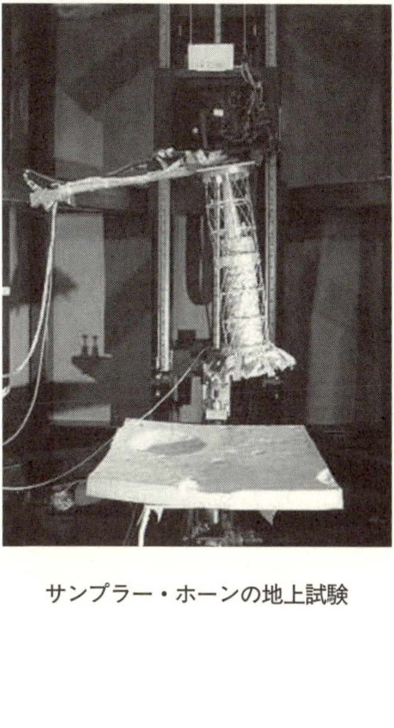

サンプラー・ホーンの地上試験

8.1　世界初の離着陸

2005年11月20日早朝、「はやぶさ」はイトカワに降下した。世界88万人の夢をのせて、ターゲットマーカが投下された。輝く球体に導かれ、「はやぶさ」は遂に降り立った。その思い掛けない〝滞在〟は、30分以上も続いたと見られている。

しかし、それは予定していた着陸プロセスの大部分を省いてのものであった。もちろん、サンプラー・ホーン内部から弾丸も発射されていない。「はやぶさ」にとっては、着陸にあらざる不意打ちの〝着地〟であったろう。管制室は、何時《いつ》まで経っても〝地表に落ちない〟探査機に困惑した。まるで狐に摘《つま》まれたような気分であった。「はやぶさ」自身も混乱していた。

やっと届いた地上からの緊急離陸指令に対して、「はやぶさ」は鋭く反応した。しかし、太陽が上手く摑《つか》まらない。太陽電池パドルを太陽へ、アンテナを地球へ、というのが不調の探査機にとって最も重要な行動である。各種センサから送られてくる情報を整理した結果、「はやぶさ」は自律的に「セーフホールド」モードへと移行した。先ずは、力学的な安定を求め、電力確保の為に太陽を求めて、自転しながらイトカワから飛び立った。

どうやら〝気附け薬〟である離陸指令が効き過ぎたようである。「はやぶさ」はスルスルと高度を上げて行った。光学航法カメラ(ONC)は、既にイトカワを見失っていた。スタッフには、「はやぶさ」がアッと言う間にイトカワから20km以上遠ざかったことしか分からなかった。

この数時間、一体どれくらいの感情が湧《わ》いては消え、消えてはまた湧いてきたことだろう。最終降下過程への不安が期待と興奮に変わり、焦燥が困惑に、絶望と希望が秒単位で入れ替わって、最後には管制室のモニターを見て、ただ溜息を吐《つ》いている。なるほど、冒険とは肉体への挑戦ではない、精神への試練ということか――この段階では、「はやぶさ」が着陸していたことも、離陸指令を受けて一気に100km以上もイトカワから離れてしまったことも、未《いま》だ誰も知らなかったのである。

何時までも下を向いて、残念がっていても仕方がない。今この場で為すべきことは唯《ただ》一つ。一刻も早く「はやぶさ」を、「セーフホールド」モードから、通常の三軸制御の態勢へと戻し、通信回線を安定させてデータをダウンロードし、再びイトカワ近傍まで連れ戻すことである。何としても再チャレンジを試み、サンプル採取に挑む為には、「はやぶさ」の態勢を立て直すことから始めなければならない。この作業には21日、22日の両日が費やされた。そして、この中で「はやぶさ」の着陸と離陸、という驚くべき事実が明らかになったのである。

障碍物《しょうがいぶつ》センサ(FBS)が反射光を検出し、着陸の中止を指令した。これにより着陸検出機能は停止されたが、緊急離陸も行われなかった為に、結果的に地表に落下した。

サンプラー・ホーンが接地した瞬間に生じる機体の回転運動を打ち消すように、スラスタを噴射する、という設定がされていたが、着陸検出機能の停止により、これも行われなかった。従って、相当の姿勢の乱れを伴って、「はやぶさ」はバウンドしたものと思われる。こうした〝最も重要な場面〟で、基地局の切り替え時間を迎えてしまったのである。ゴールドストーン局から、臼田局へ切り替える空白の時間帯に、全ては起こっていた。その為に最高の瞬間を見逃すはめに陥《おちい》ったのである。

着陸が明らかになった瞬間、管制室は沸き上がった。チーム全員が、何もかも忘れて大喜びした。まさに感情の〝V字回復〟である。サンプラー・ホーンの真上にある試料採取容器の蓋《ふた》が、早速閉じられた。バウンドを伴った二度の着地により、相当量の表面物質が舞い上がり、それが内部にまで入り込んでいることが期待されるからである。「はやぶさ計画」を事前に知っていたNASAは、予定のミッションを終えた探査機「ニア・シューメーカー(NEAR Shoemaker)」を小惑星「エロス」へ強行着陸させて、既に〝世界初〟の栄誉を掠《かす》め取っていた。しかし、元々着陸機能を持っていないこの探査機には、これが限度であった。

一方、「はやぶさ」は離着陸して、なお機能している。今日はどうしよう、明日はどうしよう、とスタッフを悩ませ続けている。着陸に関する栄誉は譲っても、以後の「はやぶさ」の日常には、全てに〝世界初の〟という形容詞が附くのである。

8.2 「はやぶさ」の一番長い日

運用チームの習熟ぶりには、目を見張るものがあった。日に日にその凄《すご》みを増していた。精神的な強さも、技量の裏附けが無ければ、唯の空元気で終わってしまう。一ヶ月前には、不可能と思われたことも、今は平然と行われている。直接の運用に当たっているメーカーからの派遣スタッフは、まさに魔術師の如《ごと》く、次から次へと有用なソフトを〝その場〟で開発して、押し寄せてくる〝荒波〟を堰《せ》き止めてきた。年齢や立場を越えた同志的な結束の強さが、プロジェクトを支えてきた。土壇場の踏ん張りは、人と人との信頼関係があってこそ利《き》くのである。

イトカワ近傍としては驚異的な時速4kmというハイペー

スで、チームは「はやぶさ」を定位置まで戻してきた。やんちゃな探査機に振り回されながらも、しっかりと人は育ってきた。我が国の惑星探査は〝新しい時代〟を迎えたのである。

11月25日午後10時――高度1km

今度こそはサンプルを採取してやる、そしてそれを地球へ持って帰るんだ、との強い気持ちが全員に漲《みなぎ》っていた。五回目の降下は、静かに、しかし力強く始められた。

前回の実績を踏まえて、最終的なサンプル採取がより確実に行われるよう、細かい部分にまで対策が講じられた。

先ず、着陸地点は前回と同じ「ミューゼスの海」であり、既に充分な〝土地勘〟がある為、「マーカを使用しない」という設定にして、降下することになった。これは、マーカ無しでも水平方向の精密な速度制御は可能であり、充分安全に着陸出来る、という自信があればこそ、出来る選択であった。また、マーカを用いた場合、前回のものと重複し、探査機がどちらを選択してよいか、混乱する可能性もあったからである。

また、前回の降下では、FBSが最低感度に設定されていたにも拘《かか》わらず、何らかの反射を検出して、作業中断の指令を出してしまった。しかし、現場附近に着陸を妨げるような大きな障碍物が無いことは、画像その他で確認されているので、今回はFBSを用いないことに決定した。

姿勢制御も、乱れの収束に必要な時間を超えた後は、速やかに次の行程に移り、作業が中断されないようにした。レーザ高度計(LIDAR)から、近距離レーザ距離計(LRF)への切り替え高度が若干高かった為か、LRFの四本のビームの中、一本が表面を外していた。そこで今回は、切り替え高度を下げ、より確実に対象を捕捉出来るようにした。

前回においても、作業の中断さえ無ければ、最終段階では下方向へ、さらに毎秒2㎝の速度を加える予定であったが、今回は着陸とサンプル採取の確実性をより高める為に、附与する速度を毎秒4㎝にまで上げた。

以上の新しい設定により、サンプル採取に関わる作業中断、非常離陸移行は、以下の三条件にまで減らされた。

第一は、垂直降下中にLIDARのレーザスポットがイトカワを外し、高度が分からなくなった場合。第二は、LRFの二本以上のレーザがイトカワを外した場合。第三は、イトカワ表面の地形に倣《なら》う姿勢制御の角度が、地球方向を規準として60度を越えた場合である。

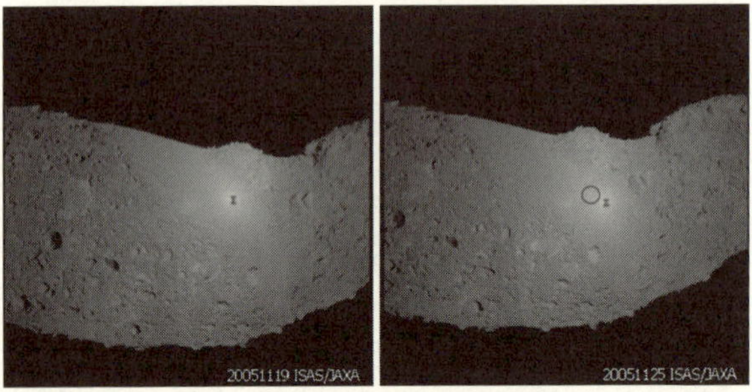

左：11月20日午前4時58分撮像
右：　同26日午前6時24分撮像

26日午前6時、光学航法により誘導された「はやぶさ」は重力に従って垂直降下状態に移行。速度は毎秒12㎝。

6時52分、降下途中に地表のターゲットマーカを発見。ONCは追尾を続けたが、「マーカ無し」という設定の為、その情報は以後の探査機の制御には用いられていない。

6時54分、高度40m。探査機は毎秒6㎝の減速を行い、高度30mまで降下。距離計測はLIDARからLRFへ切替。

管制室は、読み上げられるLRFの数値に集中する。

7時0分、高度7m。ホバリングの後、「はやぶさ」の姿勢を表面傾斜に垂直になるように制御。直ちにテレメトリ送信を中止し、アンテナをローゲイン(LGA)に、送信をビーコンに切り替えた。その間、LRFの放射した三本のビームの平均値は7mを維持していた。これより探査機は、充分に地表に倣う姿勢となったことが確認された。

数分後、サンプラー・ホーンの変形により着陸を検知する為に、距離計測センサを、高度計測用のLRF(-S1)から、1mの距離で1cmの伸縮が計測出来る短距離用のLRF-S2へと移行させた――ホーンの変形は、奥行きと横の二方向で検出可能。毎秒4cmの速度を加えて最終降下開始。

7時7分、秒速10cmで着地。LRF-S2、ホーンの横方向の変形を計測。速度300m/sの弾丸(直径10mm、重さ5g)を、0.2秒間隔で二連射の動作起動。直ちに秒速50cmにて離脱。「はやぶさ」は、アンテナをハイゲイン(HGA)に切り替え、ゴールドストーン局とのリンクを確立した。固唾《かたず》を呑《の》む管制室。視線が一台のモニターに集中する。

ホーンの変形を検出したLRF-S2は、弾丸の発射の指示を制御コンピュータに送った。その結果報告が、3億kmの彼方から、この相模原まで間もなくやってくる。一連の作業が完了していれば、カメラのモードが「TMT」から「WCT」へと切り替わる。

何とも表現のしようのない沈黙が、辺りを支配している。

7時35分、画面右下に緑色の文字で、【WCT】がハッキリと表示された。橋本教授の「やった、WCT」という声。的川教授の「打ってる?」「打ってる!!」「ハハハ、打ってる～」の連呼に、重苦しい空気は一気に吹き飛ばされた。

管制室は喜びに包まれた。大きな声が上がった。

川口教授は頬を緩ませながらも、「まだ分からないよ、火工《かこう》品が炸裂したかどうかとか、色々とあるからね」と、あくまでも冷静に、さらなる証拠を求める態度を崩さない。

的川教授はネット用の小さなカメラに向かって、満面の笑みで「Vサイン」を高々と掲げて見せた。一刻も早く、この成功を応援してくれている人達に伝えたい、との一途な思いであった。

記者会見に臨む笑顔の四人：左から、的川泰宣教授、
井上一宇宙研本部長、川口淳一郎教授、上杉邦憲教授

破顔一笑の責任者、沈着冷静な指揮官、千客万来の広報官、まさに三人三様である。一瞬に勝負を賭けるロケット

班とは異なり、衛星班は長く厳しい運用を続けて、これが〝ゴール〟と呼べる派手な目標が定め難いだけに、ここまで喜びを爆発させたことは無かったのである。惑星探査は、衛星班にもロケット班と同様の、或いはそれ以上の興奮と、感激をもたらした。「はやぶさ」の歩んだ道程が苦難に充ちていただけに、その感動はまた一入《ひとしお》であった。

サンプルが採取出来れば、後は帰還あるのみである。

８時35分、臼田局に切替。データ再生を開始。太陽電池パドルの出力、探査機の姿勢、共に正常。

「はやぶさ」には、三個のターゲットマーカが固定されていた。その中の一個は、イトカワの横を擦り抜けて宇宙を流離《さすら》う〝星〟となった。次の一個は、88万人の名前を抱いて、イトカワの地表で永遠に輝く記念碑となった。最後の一個は、「はやぶさ」に残され、そのまま地球近傍まで帰ってくる。こうして、それぞれが異なる道を歩むことになったターゲットマーカに、名前を附けてはどうか、という話が的川教授から出ていた。これに対して、宇宙を流離うものを「天」、88万人の署名入り記念碑を「人」、地球に戻ってくるものを「地」、と名附けることが提案された。天地人の三才を読み込んだわけである。問う方も答える方も、この時までは大変幸せな気分だったのである。

8.3 暗転

人生の最高の場面に出会っている、という幸福感と、徹夜徹夜の連続で慢性的な寝不足状態から生じる興奮状態にも、ようやく一つの区切りがついて、独りになって余韻でも楽しもうか、という余裕が出てきた矢先のことである。

午前11時前、見事に大任を果たし、上昇していった「はやぶさ」の速度を抑え、安定化させる為に軌道を変更した後、B系統の化学スラスタに切り替えたところ、燃料が漏《も》れ出した。どうも「はやぶさ」は、周りの人間をハラハラさせることが大好きなようである。直《ただ》ちに、A・B二系統12基の全スラスタの遮断弁を閉鎖した。これにより漏れは止まり、姿勢は安定して、そのままセーフホールドモードに入れることが出来た。

姿勢の乱れを調べ、発生した推力とトルクを計算したところ、漏れが生じたのは探査機上面のB系統スラスタであることが分かった。再び眠れぬ夜がやってきた。

26日の夜はマドリード局、**27日**は臼田局と連続して、セーフホールドモードからの復帰を目指して運用を続けたが、残るA系統のスラスタから充分な推力が出ず、姿勢を元に戻すことが出来なかった。Bは漏れがある、Aは機能しない。RWの故障以来、唯一の頼りだった化学スラスタが、ここに来ておかしくなってしまった。

推進剤は残っており、圧力も掛かっている。遮断弁も開放されているにも拘わらず、A系統は無力であった。その配管には断熱材が巻かれているが、一部で非常に低温になっていることから、凍結しているのではないか、と予想されたが、確証は得られなかった。再びセーフホールドモードに入れて、対策を練ろうと試みたが、スピンの回転軸が首を振る「みそすり運動」が収まらず、探査機の態勢を整えることが出来なかった。

28日、臼田局からの通信が不能。どうやら、全システムの電源が落ちた模様である。再起動の手続が取られた。

29日午前10時過ぎ、LGAによるビーコン回線が復旧。各部のヒータのスイッチを入れ、機体全体の温度を上げることで、滞留しているガスを排出する作業が開始された。

30日、電波の変調の「on/off」により自律診断機能と対話する、いわゆる「1ビット通信」による復旧運用を開始。

12月１日、断続的にではあるがLGAにより、転送速度８bpsでテレメトリを取得。やはり、11月27日に指令した姿勢軌道制御は実施されていなかったようである。

また、探査機内に漏れていた燃料が気化し、内部の機器に大幅な温度低下が生じた。姿勢の乱れによる太陽電池パドルの発生電力の低下に伴い、充電池が強く放電した。この非常電源は40分程度しか持たない為、システム全般の電源系が、広い範囲でリセットされたものと推定される。

２日、化学スラスタの再起動を試みた。僅《わず》かな推力を確認したものの、本格的な起動には至らなかった。

３日、探査機のHGA軸（＋Z軸）方向と太陽、地球をなす角が20度〜30度に拡大していることを確認。対策としてイオンエンジン用のキセノンガスの噴射による姿勢制御法の採用を決め、直ちに運用ソフトの作成を開始した。

４日、ソフトが完成し、実際にキセノンガスの噴射によるスピン速度の変更が試みられ動作を確認した。直ちに、この手法による姿勢変更を実施。その結果、５日には、太陽、地球と＋Z軸のなす角は、10度〜20度まで回復し、テレメトリをMGA経由、最大256bpsで受信した。

12月６日午後３時。試料採取の為の弾丸発射の火工品制御装置の記録が取得出来たが、それによれば正常に弾丸が発射されたことを示すデータが確認出来ず、11月26日に弾丸が発射されなかった可能性が高いことが分かった。

ここに来て、弾丸は発射されていなかった、従って、サンプルも採取されていなかった、という可能性が出てきたのである。天国から地獄へ、何と罪深い探査機であろうか。度重なるソフトウエアの書換、着陸条件の緩和、修正、変更などで、全体が非常に複雑なシステムになっていた。また、優先順位の競合の問題などもあったかもしれない。

分かっていることは、本来ならば、弾丸の発射後にシステムを「安全モード」に戻して、以後の発射作業を無効にするコマンドが、何故《なぜ》か着陸作業のプログラムの中に紛れ込んでいた、ということだけである。拳銃に譬《たと》えれば、安全装置を掛けたまま引き金を引いてしまった、というわけである。何故、この種のコマンドが紛れ込んでいたのかは、全くの謎である。

ただし、システム全般の電源が広い範囲でリセットされたことも影響しているのかもしれない。一回目の着陸の時には、30分以上も地表で機体全体が焙《あぶ》られていた。それにも拘わらず、弾丸発射装置の周辺の温度は、今回の方が高いのである。これは火工品が炸裂したことを暗示している。幾つかのデータは、互いに矛盾している。DHUの絶対時刻データも、データレコーダ(DRAM)のパーティション情報もすっかり消えていた。果たして〝あの瞬間〟の何もかもが、失われてしまったのだろうか。管制室を興奮の極みへと導いた、あの【WCT】表示は、何を意味していたのであろうか。

弾丸が発射されていても、いなくても、「はやぶさ」は地球へと帰還せねばならない。イトカワの表面が非常に細かい砂状の物質で覆われている為、弾丸を発射した場合よりも、第一回のように長く着地していた場合の方が、より多くの試料を採取出来た可能性があるからである。

サンプルを封入した〝中華鍋〟のようなカプセルを、大気圏に突入させて、地上で確かに受け取る、という重要な使命が残されている。ウーメラ上空から、燃える中華鍋が降ってくる。それが「はやぶさプロジェクト」の本当のエンディングなのである。こんなところで終わらせるわけにはいかない。

★ ☆ ★ ☆ ★

12月8日午後1時15分、臼田局の消感一時間半ほど前。再びガスの漏洩《ろうえい》によると思われる姿勢異常が生じ、受信レベルがゆっくりと低下した。この時、「はやぶさ」は化学スラスタの復旧待ちで、姿勢の安定を得る為に、周期6分という穏やかなスピン状態にあった。恐らくは機内に滞留していたガスが噴出し、「みそすり運動」が次第に大きくなってきたのであろう。

12月9日、遂に「はやぶさ」は連絡を絶った。全電源を落として〝深い眠り〟についてしまった。果たして奇跡は起きるのだろうか。復活の日は来るのだろうか。

「はやぶさ採点簿」は「275点」で止まったままである。

8.4 イトカワの科学

工学チームが、何度も何度も運用上のピンチを凌《しの》いで来られたのは、理学チームの後方支援があればこそであった。ここに理工一体の宇宙研の強みがあった。しかし言うまでもなく、理学チームの本当の力量が問われるのは、イトカワの詳細なデータが得られた、これからである。サンプルが採取されても、されなくても、惑星科学の根柢を揺るがすような、素晴らしいデータが既に掌中《しょうちゅう》にある。世界を驚かせるに充分な質と量である。プロジェクト・サイエンティストの藤原顕教授は、如何《いか》にして「はやぶさ」の大成果を世に送るべきかを思案していた。

イトカワに関する映像は、「はやぶさ」が近づけば近づくほど、詳細で鮮明なものになっていく。ネットで応援してくれる一般の〝宇宙ファン〟も、その要望はドンドンと高度で深いものになっていった。もっと鮮明なものを、もっと解像度の高い映像を、と次第に声は高まっていった。

しかし、広い世界には、たった一枚の写真から、恐るべき結論を導き出す研究者が居るのである。「はやぶさプロジェクト」の総員は100名規模であるが、NASAには、画像解析の専門家だけでも、300名以上が在席している。うっかり高解像度写真を公開した結果、全てをこのプロジェクトに捧げてきた我が国の研究者達が出し抜かれる、ということも有り得る。それだけはしたくない。第一発見者が誰であるかを知らない者は居なくとも、科学の世界で成果として認められるのは、真っ先に論文として提出した者、即ち第一発表者だけなのである。

一枚の写真が広報として、教育として、どれほどの意味を持つものか、それを知らない者は居ないのであるが、それでもやはり、もう少し時間を下さい、と言わざるを得ない。この意味で理学チームも、「はやぶさ」が成果を挙げれば挙げるほど、追い詰められていた。早く論文として提出し、その権利を充分に確保した上で、得られた成果を広く国民に還元したい、それが全員の想いであった。

★　☆　★　☆　★

成果の一部を以下にまとめておく。小惑星イトカワを観測することにより何が分かるのか、という点から始める。

●小惑星は惑星形成史の比較的初期の状態を留めている。
●小惑星は現在発見されているだけで数十万個を越え、地上観測による分光タイプから、およそ１ダースに分類されている。中でも最も主要なタイプである「S型」に分類されるイトカワを調べることで、最も一般性のある小惑星像が描ける。
●地球上で見附かる主要な隕石である「普通コンドライト(Ordi-

nary Chondrite)」と「S型小惑星」の対応が明らかになる。
●イトカワを切っ掛けに、他の分光タイプの小惑星の探査、観察を繰り返すことで、隕石タイプとの関係が明らかになり、小惑星全体の物質分布図が作成出来る。

「はやぶさ」は、搭載機器の全てが充分に機能して、科学史に残る素晴らしいデータを次々と地上に降ろしてきた。

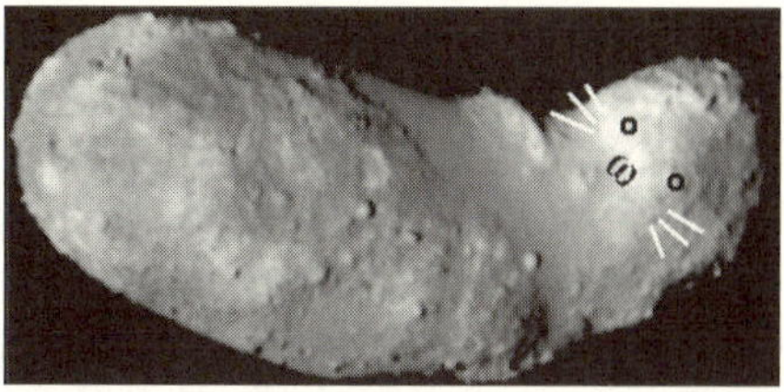

イトカワの東半面――宇宙に浮かぶ「ラッコ」

「小惑星多色分光カメラ(AMICA)」は、1500枚以上の画像を取得した。高度50mで1mの計測精度を誇る「レーザ高度計(LIDAR)」は、約167万個の点の計測に成功した。
「近赤外線分光器(NIRS)」は、総スペクトル数8万以上を取得し、地域ごとの反射スペクトルの観測によって、10〜20%の「反射能(albedo)」の変化を見出した。
「蛍光X線スペクトロメータ(XRS)」も、総スペクトル数約6千を記録し、代表的な元素の比率、Mg/Si=0.78±0.09、Al/Si=0.07±0.03を求めた。これより組成は普通コンドライト、中でもL或いはLLコンドライトに近い、と推定された。

これらは大きな成果である。しかし、忘れてならないのは、イトカワ上空から自由落下して、その重力加速度を測ったり、長く地表に留まって放射熱に身を焦《こ》がしたり、と「はやぶさ」本体がまさに身を挺して、様々なデータを取得したことである。その結果、得られたイトカワの詳細な物理量は、以下の通り。

●軌道要素：長半径＝1.3238AU、離心率＝0.2801、軌道傾斜角＝1.6223度、近日点＝0.953AU、遠日点＝1.6947AU。
●サイズ(m)：主軸X＝535、Y＝294、Z＝209(±1m)。
●取り囲む箱のサイズ：550×298×244(±1m)。
●自転周期：12.1324時間。
●質量：$(3.510\pm0.105)\times10^{10}$kg
●密度：1.90 ± 0.13g/㎤

自転は地球と反対周りであり、写真の上部が南極、下部が北極となる。次に「地質図」を眺めてみよう。

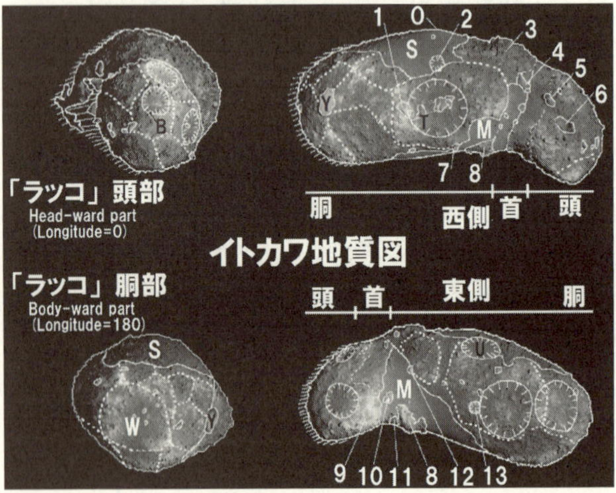

地名一覧は以下の通りである。名称の由来を並記した。

地名(Region Name)
T：Tsukuba Region(筑波、追跡局)
M：Muses Sea Planitia(「はやぶさ」のコード名より)
S：Sagamihara Planitia(相模原、管制局)

W：Little Woomera Region（カプセル回収予定地点）
U：Uchinoura Region（内之浦、射場）
O：the North Vertex（北極頂点）
3：Sanriku Ridge（三陸、気球打上げ場）
8：Yatsugatake Ridge（八ヶ岳）
9：Shirakami Slope（白神）
11：Noshiro Smooth Terrain（能代、実験場）
岩塊（Boulders）
B：the Black Boulder（黒い岩、経度0度の目印）
Y：Yoshinodai Boulder（由野台、管制室）
1：Kakuda Boulder（角田、ロケット試験場）
4：Kokubunji Boulder（国分寺、国産ロケット発祥の地）
5：Pencil Boulder（ペンシル、最初のロケット）
6：M-V Boulder（打上げロケット）
7：Hilo Boulder（すばる天文台の所在地）
10：Mountain View Boulders（Ames研究所の所在地）
12：Usuda Boulder（臼田、地上追跡局）
クレーター（Craters）
2：Fuchinobe Crater（淵野辺、宇宙研最寄駅）
13：Komaba Crater（駒場、宇宙研旧所在地）

すばる天文台は、イトカワを地上観測していた。また、NASAのAmes研究所は、カプセルの試験場であったことに因む。「W」は〝Woomera Desert〟より改名。なお、第一回、二回の「はやぶさ」の着陸地点を合わせて、「はやぶさポイント」と呼ぶ。

イトカワ表面からは、角の取れた印象を受けるが、近づいて見ると、頭部と尾部に「ファセット（facet）」が多数発見される。ここでファセットとは、曲面の一部を切り落としたような平坦面、或いは凹面を指し、特にイトカワの場合には、その縁は多少の高まりを見せている。

イトカワのくびれた部分、即ちラッコの「首」に当たる部分は、一周しており、地滑りしている部分も見られる。

イトカワは、多様で複雑な地形を持っており、特に、多くの岩塊（ボールダー：Boulder）が堆積《たいせき》した「ラフ地域」

と、cm或いはmmサイズの比較的大きさの揃った小石からなる「スムース地域」に二分される。二つの地域の境界では、粒径の分布が変わっている。岩塊が密集したラフ地域から、「ミューゼスの海」などのスムース地域へと移動するに従って、より細かな岩石の比率が増えていく。下の高分解画像は、１画素当り20mm程度のものである。

左のラフ地域から、右のスムース地域へ

　次は「ミューゼスの海」への降下中に捉えた〝史上最も詳《くわ》しい小惑星表面の画像〟である。表面のほとんどで、数cmの大きさに揃った小石が舗装道路のように詰まっている。最接近画像の空間分解能は、画素当り6〜8mmであり、これは地球上の岩石調査学と同じ水準である。

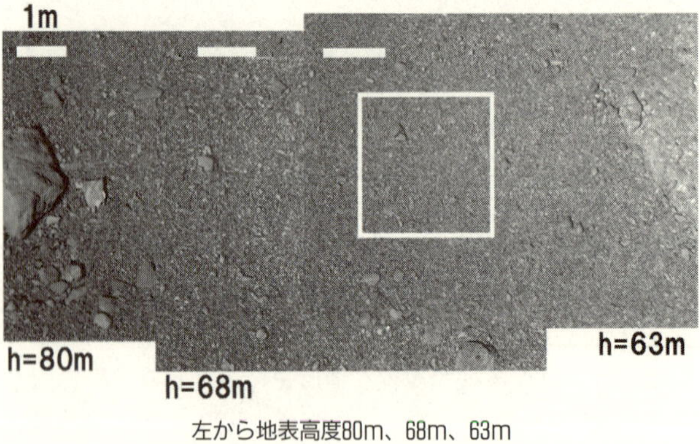

左から地表高度80m、68m、63m

イトカワは、色、明るさの双方に不均一性がある。これは今まで知られている小惑星には無かった傾向である。

イトカワの表面には、輝石《きせき》と橄欖石《かんらんせき》が存在し、その反射スペクトルは、「普通コンドライト」のものに似ている。また、これはX線観測による元素分析にも支持されており、S型小惑星が「普通コンドライト」の故郷であることが明らかになった。

以上、現段階で「はやぶさ」によって解き明かされた〝イトカワの謎〟は、以下の六点にまとめられている。

⑴：イトカワは、小惑星の形成過程の仮説であった「ラブルパイル(Rubble-Pile)構造」を持つことが明らかになった最初のものである。ここでラブルパイルとは、岩片(Rubble)の寄せ集め(Pile)の意味である。約40％もの空隙《くうげき》を持つ構造であり、イトカワは内部がスカスカで、岩石の破片が重力の作用によって緩く結び附いたものであることが分かった。

⑵：形成のシナリオは、大きな母天体が衝突破壊を受けた後に、飛び散った破片の一部が、重力の作用によって再結集して、〝ラッコのような形状〟の「頭部」と「胴部」が作られ、最終的に二体が合体した、というものである。

⑶：イトカワは、岩塊に覆われた峻厳《しゅんげん》な地域と、細かい砂利が敷き詰められた平坦な地域とに二分されている。これほど明確な二分性を持った小惑星はイトカワ以外には発見されていない。これは惑星形成理論に、全く新しい知見をもたらした。

⑷：地形の複雑さに反して、鉱物、主要元素組成の分布は、ほぼ一様である。これはイトカワが一度も分化していない始原的な小惑星であることを示唆《しさ》している。また、これら組成の調査から、S型小惑星であるイトカワと、「普通コンドライト」の対応関係が明らかになった。

⑸：イトカワは、地上観測によるスペクトル型、自転周期、1km以下のサイズ、その他の属性から、最もありふれた小惑星であることが分かっていた。従って、今回の「はやぶさ」の探査は、あり

ふれているが故に、最も一般的な小惑星の真の姿を初めて明らかにしたことになる。また、地球に衝突する可能性のある小惑星に対する、史上初の探査であることも、特に海外では高く評価されている。
⑹：イトカワの誕生と進化は、衝突・破壊・集積、というプロセスが複雑に作用したと推定されるが、この過程は惑星系の進化を考える上で最も重要であり、今後のさらなる研究によって、このメカニズムのより深い理解が期待されている。

イトカワの研究は、今始まったばかりである。これから何百、何千という関連論文が提出され、惑星科学が一気に充実していくだろう。また、観測機器や、ロケットなどの開発に関連した周辺分野の研究も加速されるに違いない。

★ ☆ ★ ☆ ★

最後に、これから我が国が、科学・技術に対して取るべき基本的な態度について、少々考えてみたい。
アインシュタインは、自らの美意識に従って、「宇宙かくあるべし」の想いを方程式に託した。実験結果に興味はあっても、それに依存することはなかった。一般相対性理論はこうして出来上がった。ハイゼンベルクは、机の上に堆《うずたか》く積まれた実験データを懸命に頭の中に入れ、如何にすればそれらと矛盾しない理論が構築出来るかを、自らに問い続けた。積の交換を認めない、という計算上の一つの工夫が本質を射抜き、行列を利用した新力学へとつながった。量子力学はこうして出来上がった。
アインシュタインに実験は無用であった。ハイゼンベルクは実験は他人任せにした。万能の天才・フェルミは、理論もやれば原子炉も作った。最終的には実験に正否の判断を委《ゆだ》ねる自然科学者にも、幾通りかのやり方がある。
「はやぶさプロジェクト」は、百名程度の規模である。メーカー関係者、僅かでも縁のあった人々を加えれば、直《す》ぐに千人規模に膨れあがるだろう。学会その他、様々な立場からこれに興味、関心を持って関わった人まで配慮すれば、万に届くかもしれない。そして何より、一億三千万の応援が必要である。

〝知りたい〟という内発的な欲求が先ず最初にあり、その為に必要な道具を自らの手で作り、組織をまとめて実際の運用に当たり、理学も工学も、理論も実験も、それが必須であるならば、何でもかんでも自分達の手でやり遂げて成果を挙げる。

ロケットも、探査機も、理学観測器も、運用ソフトも全て自家製である。持ち場はあってもそれに拘らず、困っているならお互い様だと相譲り、あらゆる障碍を乗り越えて、全員で難題を解決してきた。万能の個人を期待せず、「集団によって万能」というのが、宇宙研のやり方である。

科学・技術と一口に云っても、アインシュタインとハイゼンベルクでは大きく異なる。集団で事に当たらなければ何一つ成就しない宇宙開発はさらに異なる。

理科離れとは何だろうか。科学者・技術者の養成とは、一体どのスタイルの科学・技術の話だろうか。アインシュタインを育てたいのか。ハイゼンベルクを育てたいのか。天才は育てるものではなく、勝手に育つものである。国土が限られ、資源が限られ、人的にも予算的にも狭い範囲の中でしか仕事が起こせない我が国の現状を見据えて考えるなら、集団で難問に挑戦し、繊細な技量と休むことを知らない勤勉さで、徹底的に対象を追求する宇宙研の方法が、一番効率が良いように思われる。

しかし、集団により万能、という高い志を捨てて、外注だ、共同研究だ、と云っては、外部に依存する体質が現れた時、この麗しき花園も枯れ果ててしまうに違いない。

「はやぶさ」の成功は宇宙研の成功である。「はやぶさ」の限界は宇宙研の限界である。組織改編の最中に飛び立ったこの探査機の運命は象徴的である。その旅立ちを見送った者と、出迎える者との気質が、さてどれほど異なっているのか、「はやぶさ」は決してそれを見逃さないであろう。

仕事が定型化されてくるに連れ、依存心が増して、細部の問題は疎《おろそ》かにされる。「神は細部に宿る」とは何処《どこ》吹く風と、一向意に介さない。我々が本気で「科学・技術立国」を目指すのなら、予算と体力に応じた範囲で、「何もかも自らの手で成し遂げる」という気概を持ち続けねばならない。あり合わせの技術を組合せて、安易に切り抜けよう、という横着な精神からは、国の衰退しか見えてこない。

青臭いことを承知で云《い》えば、次代を担う青少年に独立自尊の生涯がどれほど素晴らしいものか、を伝える教育をするべきであろう。「物作り」は教育になるが、「金扱い」は教育にはならない。金の操縦法を幾ら学んだところで、実は金に操縦されているのである。

「はやぶさ」は我々に色々なことを教えてくれた。そして、その物語は一つの「伝説」となって語り継がれていくであろう。それが我が国の科学・技術が最高潮に達した〝栄光の時代〟の回顧録とならないことを祈るばかりである。

エピローグ・復活

最期の任務――再突入カプセル切り離し

不死鳥の声が聞こえる

決して諦《あきら》めはしない、しかし期待するのは辛すぎる。二ヶ月前の出来事が、まるで二年前のように思える。管制室にかつての活気は無かった。運用担当者は、気持ちを切らさずに、丁寧に仕事を続けていた。途方もなく大きなガラス戸を相手に、精一杯に手を広げて拭き掃除をするように、臼田のアンテナは静かに虚空《こくう》を探っていた。

2006年1月23日、それは突然やってきた。宇宙の彼方から、助けを求める〝声〟が聞こえたのである。それは思いの外に強い電波であった。まるでアニメか、SFの名場面のように担当者は狼狽《うろた》えた。相手がスピン状態にあることを、電波の強弱が示していた。それは、溺れている人が、苦しい息の中でも顎《あご》を挙げ、手を振って助けを求めるように、あらん限りの力を振り絞って送り出された最期のメッセージであった。……**「はやぶさ」は生きていた。**

余りの驚きに運用担当の西山和孝助教授は、自らを疑った。アンテナを存分に振って、確かに「はやぶさ」が居るべき位置から来た電波かどうかを調べてみた。頬をつねって確かめた。夢ではないと分かっても、不安は一向に消えなかった。結局、結論は翌日まで先延ばしにされた。

日が改まっても、確かに電波は届いていた。やはり「はやぶさ」であった。吉報は24日、電子メールでスタッフのみに伝えられた。久しぶりに相模原に笑顔が溢れた。

12月8日に連絡を絶って以来のことである。当時は、毎秒1度の自転であったが、今は毎秒7度である。しかも、回転は逆向きになっている。その軸は、地球方向から70度余りもズレている。よほどのことがあったに違いない。

変形しない物体を理想化したものを、「剛体《ごうたい》」と呼ぶ。

剛体の力学に咲いた一輪の華が、「オイラー方程式」であり、この方程式にある条件を課して解くと、「テニスラケットの定理」と呼ばれる、探査機設計に本質的な意味を持つ定理が導かれる。その意味は、三次元の物体の、三軸それぞれの回転のしやすさを調べた場合、一番回りやすい軸と、一番回り難い軸に対する回転運動は安定であり、中間の軸に対する回転は不安定になって、回転は次第に安定な軸の方へと移っていく、というものである。テニスラケットのように、三軸が非対称な物体の場合、軸回りにきれいに回転させながら投げ上げようと試みても、どうしても上手くいかない軸があるはずである。

探査機設計は、この理論に即して行われる。「はやぶさ」の場合、回転運動が乱れた場合でも、長い時間が経てば、最も回転させ難い軸である、パラボラを通る z 軸に収束する。これは探査機固有の性質であるので、一切の制御を必要としない。ただ時間が掛かるだけである。

しかし、収束した回転軸が太陽を向いているか、地球を向いているか、或いはその両方であるかは運次第である。

交信が途絶えた当時は、この定理に従って回転軸が収束した後、再度の運用が可能になる確率が論議されていた。一年後には確率60％で、さらに2007年の春までには70％で、太陽・地球の両者に向いた姿勢で安定する、という結果と共に、帰還を2010年に延期すると発表されていた。

ただし、プロマネにさえ「生きていることが奇跡である」と言われた探査機である。帰還プランが更新されたとしても、それ以前に為すべきことが多すぎて、誰も楽観的な気分にはなれなかった。回転を続けている探査機には、一回転の間に20秒だけ通信出来る〝窓〟が開いていた。ちょうどそのタイミングで、電波が届くように工夫をした。

1月26日、「１ビット通信」が功を奏した。これは、トイレのドアを一枚一枚叩いては、〝入ってますか〞と問うような方法である。探査機の自律診断機能、というドアを丁寧に一枚ずつ叩いて、現在の状況を報告させるのである。

結果は、スタッフを愕然《がくぜん》とさせた。太陽の方向を見失い、電源は完全に落ちていた。その結果、充電池は全放電状態で使用不能。しかも、一部はショートしている可能性もある。再充電を試みようにも爆発の恐れがあり、その場合には探査機全損も覚悟しなければならない。

化学スラスタは、燃料、酸化剤共に残量無し。キセノンだけは、喪失時と同じ残量を保っていたものの、まさに危《き》篤《とく》同然の状態であった。兎にも角にも、二度と再び見失いたくはない。ダメになるならなるで、最期の最期まで看取《みと》ってやりたい。管制室に活気が戻ってきた。喜怒哀楽を超越した、厳粛な雰囲気が部屋を支配した。全員が執刀医の覚悟で事に当たった。

キセノンガスを用いた姿勢制御が始められた。

2月6日、新たな姿勢制御プログラムが、「はやぶさ」に向けて送信された。これにより、日に2度の割合で、太陽方向へと角度が変わっていくはずである。

2月25日、LGAによる転送速度8bpsでの通信に成功。

3月1日、久しぶりの距離計測が出来た。

3月4日、MGAによる32bpsの通信により、テレメトリが取れた。太陽とアンテナ軸との角は14度まで縮小した。

3月6日、得られた距離データと、ドップラー情報を元に、「はやぶさ」の軌道が計算された。正確な位置と速度が分かったのは、三ヶ月ぶりのことであった。イトカワを離れること1万3千km、地球からの距離3億3千万km。

探査機内部には未だ相当量の燃料、或いは酸化剤が残留しているものと思われるので、この噴出により再び姿勢を乱されることがないように、姿勢制御プログラムを更新した。滞留ガスを排出する為には、ヒータを用いて内部温度を上げるベーキングを行うより他に手はない。そして、イオンエンジンの再起動も行わなければならない。イオンエンジンの稼働時には、最も機体内の温度が上昇するので、その際に再びベーキングをして、完全にガスを排出させる、という方針が立てられた。

3月から4月中旬に掛けて、ベーキングが実施されたものの、明確なガスの排出は検知出来なかった。

ゴールデンウイーク中に、イオンエンジンB、Dの駆動試験を行い、以前と同じ性能が出ることを確認した――「C」には若干の癖がある為、来年1月以降に延期された。

キセノンガスによる姿勢制御は、ガスの使用量が多く、効率もよくないので、イオンエンジン本体の首を振って、制御する方法が本格的に検討され始めた。これは地上試験において、その限界角5度附近での反応が悪かった為、これまで実際に試されなかったものであるが、燃料節約の為ならば致し方ない。万事倹約が大切である。太陽との距離が近くなる2007年2月までは、スピン安定状態を維持しての辛抱である。しかし、太陽を指向させる為に使うキセノンの量も馬鹿にならない。

そこで太陽輻射圧《ふくしゃあつ》の利用が検討された。回転軸を太陽より僅かに外した角度に設定すると、太陽輻射圧が回転軸に対して横向きに働く為、みそすり運動が生じて、日に1度の割合での太陽の自動追尾が可能となるのである。かつて太陽輻射圧の計算は、二次的なものであった。イトカワに行って、その存在を実感した。そして、遂に太陽輻射圧を利用して姿勢制御を行うまでに至った。また一つ〝新しい世界〟を開いたわけである。

「はやぶさ」の帰還は、2010年6月と決まった。

2010年６月、ウーメラ砂漠

多くの日本人研究者がオーストラリアの砂漠地帯・ウーメラに集い、顎が疲れるなあ、と愚痴を零《こぼ》しながら、上空を見上げていた。アフリカでは、サッカーW杯が開催されていた。「はやぶさ」の長く苦しい旅も、遂に終わりを迎え、最後の挑戦、「再突入カプセル」の切り離しを残すのみとなっていた。〝蓋附き中華鍋〟とも呼ばれているこのカプセルは、単独でも〝衛星〟として機能する。

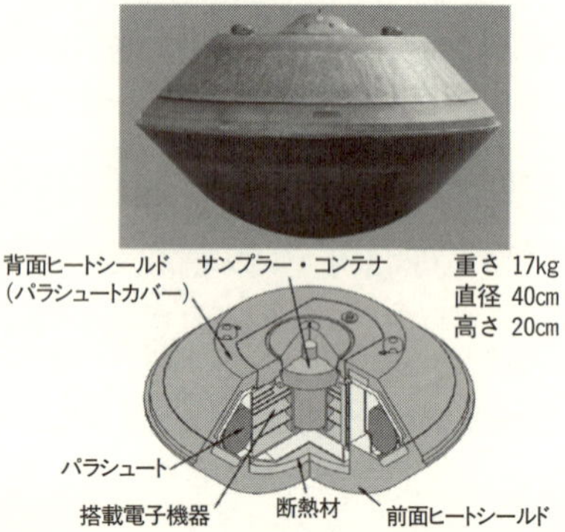

地球近傍、月軌道距離まで帰ってきた「はやぶさ」は、僅かな速度をカプセルに与えて、静かに分離させた。

直径40cm、高さ20cm、重量17kg、断熱材の塊《かたまり》であるカプセルは、内部に「はやぶさ」から移送されたサンプラー・コンテナをしっかりと抱え、５秒に１回の割合で自転しながら、約10時間の単独飛行の後に、秒速12kmで地球大気圏に突入する。

カプセルから見れば、この速度で大気が衝突してくるわけである。流れが方向を変えられ、堰き止められることによって、大気の運動エネルギーは熱に変わる。これを「空力加熱」と呼ぶが、これによりカプセルは非常な高温に曝《さら》される——これは、いわゆる〝摩擦熱〟ではない。その割合は、スペースシャトル先端部の約30倍であり、加えて大気による減速率は、地球表面の重力加速度の50倍にも及ぶ極めて激しいものとなる。

この加熱現象に対して〝耐えずに溶ける〟「アブレータ」を用いた、「アブレーション熱防御法」が採られる——宇宙研得意の方法である。このカプセルの場合、アブレータとしては、「カーボンフェノール(炭素繊維強化型フェノール樹脂)」という樹脂が用いられているが、これが熱分解を起こして、表面に強固な炭化層を作ると同時に、発生する熱分解ガスが母材の冷却に貢献する。さらに、それは表面に噴出して境界層を形成し、外部の高温気体との間で〝防護膜〟として働く。これにより、1万度を越える表面近傍の気流温度は、アブレータ表面では3千度程度となり、その裏面にはほとんど熱が伝わらない為、サンプラー・コンテナ周りは、僅か60度以下に抑えられる。

こうして高度100kmから始まった〝熱の回廊〟は、高度80kmから40kmに掛けて本格的なものとなる——この区間通過に約40秒。その突入は流れ星のように鮮やかに見える。それは「一筋の涙であり、途中で二筋になったら失敗です」とは、〝カプセル屋〟稲谷芳文教授の名言である。

大気圏突入からタイマーが起動し、150秒後、高度約10km地点で、前面のアブレータの分離と、パラシュートの開傘が実行される。続いて、コンテナ部のみがパラシュートに引き上げられ、地上まで1500秒の遊覧飛行を行う。この間、242MHzのビーコンが送信される。これを地上三ヶ所から受信して位置を同定し探索が始まる。着地速度は、毎秒10mである。

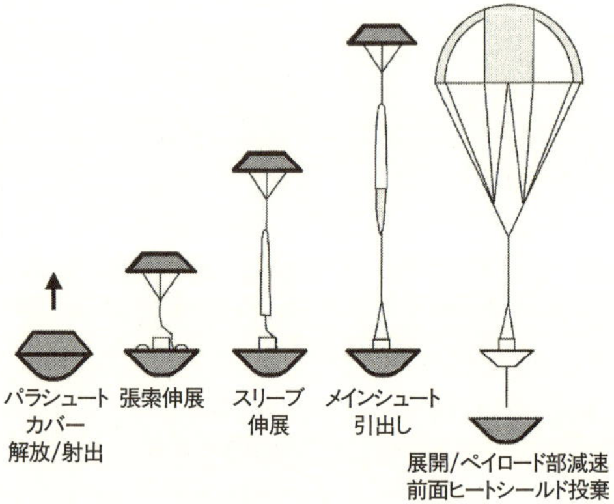

砂漠の真ん中でコンテナは回収された。興奮を抑えきれない研究者達は、保管されたコンテナの周りに集まり、再び空を見上げている。視線の先には、踵《きびす》を返し永遠の旅に出た「はやぶさ」が居る。「はやぶさ」は〝星〟になったのである。ありがとう「はやぶさ」、君のことは忘れない。

★ ☆ ★ ☆ ★

再び2006年 9 月。相模原の管制室では、懸命の復旧作業が続いていた。ある日の夕刻、スタッフの一人が、玄関フロアでタクシーを待っていた。見慣れたはずの「はやぶさ」の展示モデルが、妙に気になった。

——帰ってこい「はやぶさ」。カプセルを投下して、役目を果たしてくれればそれでいい。中身が入っているか、いないかは別問題。我々は君の帰りだけを待っているんだ——

呟《つぶや》きは天井に吸い込まれ、ただ靴音だけが響いていた。

おわりに

教育の難しさは筆舌に尽くし難い。ある人には有効な方法も、ある人には無効であり、ある組織に有効な方法も、ある組織には無効である。無効だけならまだいいが、有害ともなれば恐ろしくて手が出せない。実業界では成功した手法も、スポーツ界では失敗し、教育界においては悲惨な結果を齎《もたら》すこともある。文学者には意味があっても、理工学者にとっては無理があり、藝術家には無駄なこともある。教育が人を選ぶのか、人が教育を選ぶのか。教育に安易に〝解答〞を提供する人は、最も信用出来ない人である。

人を育てる、などという烏《お》滸《こ》がましいことはさておいて、如何なる場合に人は育つのか、ただそれだけを知りたくて、長年に渡って右往左往している。そうした経験上、「逆境において人は育つ」ということは、人間性の本質にも基づいており、一般性を持つのではないか、と感じている。非常に低次元な話ではあるが、入学試験の前後に、突如として逞しくなる学生を見ることは稀ではない。入社試験においても然り。納期の迫った仕事においても、火事場の何とかとやらで、無理難題を見事にこなして、人間的に大きな成長を見せる人は多いようである。

このような教育的な見地から、宇宙研の仕事に興味を持った。そして、「はやぶさ」が持つ様々な要素に魅了された。「ミッション」という言葉は、教育の世界によく響くのではないかと考えた。「理工一体」は元々自分自身が目指していた憧れの世界観でもあった。

初めに到達点を示し、そこへ行く道筋を色々と準備して、最後の最後まで読者を迷子にしない工夫をする、という趣旨で長らく本を書いてきたことも手伝って、「ミッション」を軸にした教育手法を、何とか定式化出来ないものかと思案している。ミッション指向の学習と教育、英語で書けば「Mission-Oriented Learning and Education」、頭文字を取った略称は「MOLE」——モグラである。

最近では、雨後の竹の子のように増えて来て、その長所も短所も見え難くなってしまったが、高専生に対する「ロボット・コンテスト」や、大学・社会人まで含めた「鳥人間コンテスト」、もう少し学校の教科に近いものでは、「数学オリンピック」等々、様々なタイプの「モグラ」が既に存在している。大学院生レベルになると、「人工衛星」を設計製作して、実際に運用まで行うという時代である。

確かに、明確な目標を意識して、自分の手を汚しながら〝自分自身をライバルとして〟学んだ学生諸君は、素晴らしく伸びている。目標達成を一つのミッションとして明示する手法を、学校教育や仕事のノルマ達成の為ではなく、もっと広く人生全般にも適用出来ないものだろうか。

必ずそこに辿り着く、ということを、糸川英夫の『逆転の発想』をもじって書けば、『逆算の発想』となる。「モグラ」も「逆算」も、単なる言葉遊びのように思われるかもしれないが、言葉が根附く時、そこには発想も定着している。実際、こうした言葉を味わいながら、宇宙研の歴史を学んでいると、その本質が身に滲みてよく分かるのである。

教育問題は、〝一人一派〟の状態で、次から次へと新趣向めかした〝旧手法〟が大手を振って喧しいが、きちんとした実績のある組織や、人から時間を掛けて学ぶことを、今一度思い出すべきであろう。偉人の伝記も、学問の形成史も読まれなくなって久しい。広い層の方々に、世界に冠たる宇宙研の歴史と、そこで働く人々の発想を、人の和を重んじる手法を、そして何より、小惑星探査機「はやぶさ」の大冒険を知って頂きたく思い、筆を執った次第である。

ターゲットマーカの名附け親になる〝栄誉〟を逃した悔しさから、本書を「天地人」の三部構成とした。当然、第三部は未完である。「はやぶさ」の闘いは今も続いている。〝人間の詩〟の続きを書かれるのは読者自身である。そして、「はやぶさミッション」を引き継ぐ若者達である。素晴らしいエンディングになることを、何よりも願っている。

本書は、敢えて研究所内の〝独自の情報〟には頼らず、出来る限り公式ウエブ、論文、雑誌、その他一般に公開されている一次情報を元に、物語を綴ることにした。その理由の第一は、それに応えるだけ充分に〝情報公開〟が為されているということの〝実証試験〟であり、第二は屈強の著者が、後に数多く控えておられるので、裏話はそちらにお任せした方が、遙かに面白く、かつ適切だからである。

また、公式ウエブや、配布されている冊子には、余りにも無造作に専門用語や略語が使われており、一般の方はその内容を到底摑むことが出来ない。折角の情報公開も、これでは単なる〝隠語紹介〟で終わってしまう。そこで、本書執筆の一つの基準として、これらの用語を説明し、最低限の意味が御理解頂けるように配慮した。歴史的背景も、物理的理論も、工学的根拠も、全ては用いられている言葉の意味から始めなければ、深いところには届かないものである。以上が、本書における著者の〝ミッション〟である。

本書の写真、図版その他は全て、ISAS/JAXA の諒解の下に転載している。最後に、原稿を御精読頂き、丁寧なコメントを頂戴した的川泰宣、川口淳一郎、藤原顕、橋本樹明教授、久保田孝、吉川真助教授に心から感謝申し上げる。

本文と同じ言葉で締め括りたい。帰ってこい「はやぶさ」

幻冬舎新書 16

はやぶさ

不死身の探査機と宇宙研の物語

2006年11月30日　第1刷発行
2010年11月20日　第5刷発行

著者 吉田 武
発行人 見城 徹
編集人 志儀保博
発行所 株式会社 幻冬舎
〒151-0051 東京都渋谷区千駄ヶ谷4-9-7
電話 03-5411-6211(編集)
03-5411-6222(営業)
振替 00120-8-767643
ブックデザイン 鈴木成一デザイン室
印刷・製本所 株式会社 光邦

GENTOSHA

検印廃止

Printed in Japan　ISBN4-344-98015-8 C0295
よ-1-1

幻冬舎ホームページアドレス http://www.gentosha.co.jp/
*この本に関するご意見・ご感想をメールでお寄せいただく場合は、comment@gentosha.co.jp まで。